医療・保健・福祉系のための 情報リテラシー

—Windows 10・Office 365—

樺澤 一之・寺島 和浩・木下 直彦 著

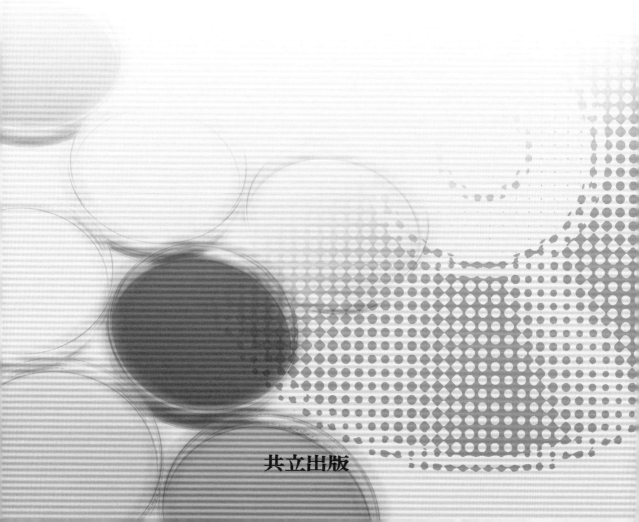

共立出版

はじめに

　筆者らは，医科系の大学で長年パソコンを使用した情報リテラシー教育を行ってきたが，医療の専門職を目指す学生に対してどのような情報リテラシー教育が必要か，現在でも試行錯誤を重ねている．医科系学生の入学時のパソコンの処理能力は，学校によって違いがあると思われるが，小・中・高校でIT教育が十分に行われているとされている最近でも，アンケートやヒアリングなどの調査によるとほとんどが初心者に近いようである．本学でのパソコンによる情報リテラシー教育は，コンピュータ（パソコン）の初歩的演習教育にならざるを得ず，「大学において，また将来医療従事者として勤務した時，コンピュータ（パソコン）を操作できる基礎的能力を身につけさせること」を教育目標としている．このような教育目標を達成するための教育内容をどのようなものにするかは論議を呼ぶところであろうが，「基本ソフトの操作概要，ワープロソフトによる文書作成，表計算ソフトの操作，プレゼンテーションソフトの基本操作，インターネット・メールの利用法」としても大きな誤りはないであろう．

　筆者らは，継続して情報リテラシー教育用の教科書を執筆しているが，2015年に『医療・福祉系学生のためのコンピュータリテラシー』を執筆した．内容は，Windows8.1，Office 2013の基本操作を解説したものである．医科系大学は実習・演習が多く，入学してすぐにも実習や演習のレポート作成が要求される．レポートはその内容はもちろんであるが，迅速かつ正確に見やすく作成することが必須であり，ワープロ・表計算ソフトを利用しての提出が求められる．したがって，『医療・福祉系学生のためのコンピュータリテラシー』では医療・福祉系大学で作成しなければならない，生理学，病理学，解剖学などの実習レポートなどを，文書や表の例として提示し，それらを完成させる操作を学ぶことにより，実際の文書や表を作成することへの即時適用を図るものであった．しかしながら，現在OSはWindows10であり，またOfficeはOffice 365にバージョンアップしている．操作上の違いが顕著になったことから，Windows10，OfficeはOffice 365の内容に則した本書『医療・保健・福祉系のための情報リテラシー』を発行することになった．

　医療・保健・福祉系学生といえども医療・保健・福祉職に従事した時，ワープロ・表計算・アプリケーションパッケージ（医事システム，オーダリングシステムなど）などでパソコンを使用することが要求される．また，さらに高次のコンピュータ処理を求められるかもしれない．現代社会においては，望むと望まないにかかわらずコンピュータの利用は必須のものとなっている．

　本書は，実社会で（特に医療・保健・福祉職として）コンピュータを利用・操作するうえで最も基本的な知識（コンピュータリテラシー）を提供するものである．コンピュータを使ってデータ処理を行うには，ある程度のことは表計算ソフトで可能であるが，複雑かつ高度の処理を行うには，データベースやプログラムの知識が必要となる．医療・保健・福祉系大学においても一部の学科では，音声分析，画像処理，信号処理などで高度なコンピュータ処理を要求される．これらの学科の学生諸氏，あるいはコンピュータを深く知りたい人は本書をマスターしたうえでプログラミング言語の学習を勧める．

2019年12月

著者代表　樺澤一之

目 次

第1章 コンピュータの基礎

第2章 ワードプロセッサ ―Office 365 Word―

第3章 表計算ソフト ―Office 365 Excel―

第4章 インターネット

第5章 プレゼンテーション－Office 365 PowerPoint－

第1章 コンピュータの基礎

1.1 コンピュータとは

　現在のような小型・高速のコンピュータに発展するには長い歴史があり，そろばんの時代から数えると，5,000年の歴史を経ている．計算用具（そろばん，電卓など）とコンピュータの違いは何であろうか．「3と2を足しなさい」を電卓で計算する場合は，指で電卓のキー「3」を押し，「＋」を押し，「2」を押し，「＝」を押して答え「5」を得る．これは，「計算を行うための手順（計算手順）」を人間の頭で考え，指で電卓のキーを押して計算を遂行する．

　一方，コンピュータはこの計算手順を「機械語」というコンピュータが理解できる言語で記述して，それをプログラムとしてコンピュータの記憶装置に記憶しておく．人間が計算を実行しなさいという指令を出すと，コンピュータは自動的にプログラムを解読し，計算を実行して答えを導き出す．電卓は機械的に計算を行う機能を備えているが，与えられた問題解決の手順を人間の思考に頼っている．これに対してコンピュータは，計算を行うための機械的な仕組みはもちろん，電卓が持っていない問題を解決するための手順を備えて（記憶装置に記憶して）いる．このようにコンピュータは，計算を機械的に行う機能あるいは装置と，問題解決のための手順と2つの部分に分けられる．前者をハードウェア（hardware），後者をソフトウェア（software）という．

1.2 ハードウェア

1.2.1 計算や記憶の仕組み

　ハードウェアはコンピュータの装置（機械）そのものといってよいであろう．ハードウェアには制御，演算，記憶，入力，出力の機能があり，コンピュータの5大機能といわれる．コンピュータはよく人間にたとえられる．人間は目や耳で情報をとらえ，頭でその情報を処理（記憶したり，考えたり，計算したり）し，その結果を音声や手で紙に書いて相手に伝える．人間の頭脳に当たる部分がコンピュータの制御，演算，記憶の部分であり，耳や目に相当するのが入力であり，声や手に相当するのが出力である．

(1) 制御装置と演算装置

　制御装置と演算装置をまとめて，中央制御装置（CPU：Central Processing Unit）という．計算を行う手順は機械語（コンピュータに処理の命令を出す言葉）という0と1からなる数値で表され，コンピュータの記憶装置に記憶されている．制御装置（control unit）は，記憶装置に記憶された機械語を解読し，その命令に従った処理を実行する．演算装置（arithmetic unit）は，制御装置で解読された演算命令に従った演算を実行する装置である．コンピュータ（CPUなど）は一定周波数のパルスに合わせて動作している．このパルスの周波数をクロック周波数といい，コンピュータの計算速度に関係し，例えば200 MHz（メガヘルツ）とか400 MHzなどと表示する．クロック周波数が大きいほど計算速度が速いといえる．

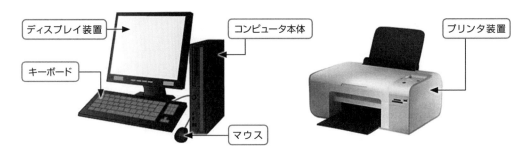

図1.1　ハードウェア（パーソナルコンピュータ）

(2) 記憶装置

　コンピュータの記憶装置（memory unit）は，情報を記憶するための装置であり，前述の機械語や「C＝A＋B」の計算を行う場合の実際のAやBの数値（データ）などを記憶する．記憶装置には内部記憶装置（主記憶装置）と後述する外部記憶装置とがあり，ここでいう記憶装置は内部記憶装置のことである．中央処理装置と記憶装置はコンピュータに内蔵されており，外からは見ることはできない．

(3) 入力装置

　入力装置（input unit）は人間の耳や目に相当し，コンピュータに情報を取り込むための装置であり，人間の理解できる表現をコンピュータが理解できる表現に変換する装置である．キーボードやマウスがこれにあたる．キーボードのキーの Ａ, ＋, Ｂ を押して，「A＋B」をコンピュータに入力した場合，この情報は，コンピュータ内部の情報（0と1で表された情報），

```
A  →  01000001
+  →  00101011
B  →  01000010
```

（ASCIIコード）に変換される．マウスはその形状がねずみ（mouse）に似ていることから名付けられた装置である．マウスは上下左右自由に動かすことができ，その動きにつれて，マウスポインタ がディスプレイ画面上を移動する．マウスを停止させた状態でボタンを押すと，マウスポインタが指し示すディスプレイ上の位置情報（座標）がコンピュータに入力される．

(4) 出力装置

　出力装置は人間の声や手に相当し，入力装置とは逆に，コンピュータの内部で処理された情報を人間がわかる情報に変換するための装置であり，図 1.1 で示したディスプレイ装置やプリンタ装置などである．例えば，コンピュータ内部の 0 と 1 で表された情報（ASCII コード）

> 01100010　01101111　01101111　01101011

は，ディスプレイ装置あるいはプリンタ装置に，

> book

と表示される．

(5) 外部記憶装置

　記憶装置は情報を記憶するためのもので，前述のように内部記憶装置と外部記憶装置がある．内部記憶装置はコンピュータが処理を行うための命令や少量のデータを記憶するための装置である．内部記憶装置は記憶量（記憶容量）[※1] が比較的少なく（数メガバイト），また，コンピュータの電源を切断すると記憶内容は消去されてしまう．このため，内部記憶装置を補う大容量で，電源を切断した時も記憶が保持される記憶装置が，外部記憶装置（あるいは補助記憶装置）である．外部記憶装置には，固定ディスク装置（Hard Disk Drive），SSD 装置，CD 装置（CD-ROM，CD-R，CD-RW），DVD 装置（DVD-ROM，DVD-R，DVD＋R，DVD-RW，DVD＋RW），ブルーレイディスク装置（Blu-ray Disc）USB メモリ，光磁気ディスク装置（MO）などがある．最近では，DVD 装置（Digital Versatile Disc）や USB メモリがよく用いられている．

　固定ディスク装置は通常コンピュータ本体に内蔵されている場合が多いが外部にも取り付け可能であり，磁性体を塗布した数枚の円盤（disk）を 1 本の軸に固定し，一定速度で回転させ，読み書きヘッド（コンピュータ内部の情報を円盤上に磁気化して記録する，あるいは円盤上に磁気化されて記録されている情報をコンピュータ内部に取り込むための信号に変換する装置）でコンピュータ内部へ情報を取り込み，またコンピュータ内部から円盤に情報を書き込む装置である．パソコンの固定ディスク装置の記憶容量は数 GB である．

　USB メモリは，USB コネクタに接続して使用し，持ち歩き可能なフラッシュメモリであり，容量は 32 MB ～数 100GB 程度である．ここでフラッシュメモリとは，データの消去・書き込みを自由に行うことができ，電源を切っても内容が消えない半導体を使ったメモリである．

図 1.2　USBメモリ

1.2.2　コンピュータの種類

　コンピュータは大きさや性能によっていくつかに分類される．性能順に列挙すると表 1.1 のようになる．

[※1) コンピュータ内部の情報は 0 と 1 で表され，この 0 と 1 の 2 種類の情報を表す単位をビット（bit）という（bit：2 進数を表す binary digit の略）．例えば，1 は 1 ビット，110 は 3 ビットとなる．また，8 ビット（8bit）を 1 バイト（1byte）といい，1,024 バイト（1,024byte）を 1 キロバイト（1KB）という．さらに，1,024 キロバイト（1,024KB）は 1 メガバイト（1MB），1,024 メガバイト（1,024MB）は 1 ギガバイト（1GB），1,024 ギガバイト（1,024GB）は 1 テラバイト（1TB）である．

表 1.1　コンピュータの性能による分類

名　称	概　要
スーパコンピュータ	現代における最高速のコンピュータであり，科学技術計算に使用される
汎用コンピュータ	スーパコンピュータより計算速度は劣るが，科学技術計算・事務計算両方に使用される
ミニコンピュータ	汎用コンピュータより性能は劣るが，汎用コンピュータより安価で科学技術計算・事務計算両方に使用される
ワークステーション	技術者，研究者が使用する個人用の高性能コンピュータであり EWS（Engineering Workstation）とも言われる
パーソナルコンピュータ	汎用の個人用コンピュータ
マイクロコンピュータ	各種の機器に組み込まれた制御用のコンピュータ

　スーパコンピュータ，汎用コンピュータ，ミニコンピュータは企業や大学などで使用され，その価格も非常に高価であり，個人が家庭であるいは職場で手軽に利用するというわけにはいかない．ワークステーションは個人用であるが高価であり，やはり個人が購入して利用することは難しい．コンピュータの進歩に伴い，個人が職場はもちろん家庭で手軽に使用できる安価なコンピュータの開発が要望されるようになってきた．パーソナルコンピュータ（パソコン）は，1971 年に Intel 社によって初めてマイクロプロセッサ（CPU）が開発され，Apple I（1976 年），IBM PC（IBM 社 1981 年），PC-9801（日本電気 1982 年）などを経て現在のパソコンの隆盛に至っている．

　　（a）デスクトップ型　　　　　（b）ノート型　　　　　（c）モバイル型

図 1.3　パーソナルコンピュータの種類

　パソコンはその大きさによって大きいものから小さいもの順に，デスクトップ型（desktop type）（図 1.3(a)），ノート型（note type）（図 1.3(b)），モバイル型（mobile type）（図 1.3(c)）などがある．デスクトップ型は，机の上に乗せて使用することから名付けられ，ノート型は，サイズがノートの大きさ程度であることから名付けられ，モバイル型は，移動用（携帯用）ということで名付けられた．

1.3　ソフトウェア

　ソフトウェアは前述のように，コンピュータに仕事をさせる時にその仕事の手順を指示したものとしたが，会社の給与計算をコンピュータにさせるための手順，病院の医療費の計算をコンピュータにさせるための手順など，その手順一つひとつをプログラムといい，これらのプログラムが集まっ

たものをソフトウェアという．映画監督やオーケストラの指揮者は，俳優や演奏者を監督・コントロールして全体を効率良く機能させている．コンピュータにも CPU や入出力装置などコンピュータを構成している各装置を効率良く働かせるためのプログラム群があり，これを基本ソフトウェア（basic software）と呼んでいる．この基本ソフトウェアが組み込まれていないコンピュータは機能することができず，ただの箱となってしまう．一方，ワープロや表計算プログラム，さらに病院の医療費計算プログラムなど一定の目的の処理を行うためのプログラム群があり，これを応用ソフトウェア（application software）と呼んでいる．

1.3.1　基本ソフトウェア

基本ソフトウェアには，オペレーティングシステム（operating system），言語処理プログラム（programming language processor），各種ユーティリティプログラム（utility program）がある．

(1) オペレーティングシステム

オペレーティングシステム（OS：オーエスという）は，ハードウェアを構成している各装置を効率良く活用するためのプログラムであり，利用者とコンピュータの間を取り持つものである．OS には，スーパコンピュータ，汎用コンピュータ，パソコンなどにそれぞれ独自のものがある．パソコンの OS には，Microsoft 社の MS-DOS，Windows 8.1，Windows 10，Apple 社のMacOS などが使用されている．

(2) 言語処理プログラム

コンピュータに仕事をさせるためにはプログラムが必要であるが，実際にコンピュータを動かすことができるプログラムを機械語という．機械語は，数字の 0 と 1 からなる数値の羅列であり，この機械語でプログラムを作成することは非常に困難かつ時間を要する．これに代わってもっと簡単にプログラムを作成することができるように開発されたものを，プログラミング言語（programming language）という．プログラミング言語の代表的なものには，FORTRAN，COBOL，BASIC，C 言語などがある．これらのプログラミング言語によって作成されたプログラムは，そのままではコンピュータを動かすことはできない．プログラミング言語によって作成されたプログラムを稼働させるには，プログラミング言語で記述されたプログラムをコンピュータの中に記憶されている特殊なプログラムによって機械語に変換し，その機械語を実行させるということを行う．このプログラミング言語で記述されたプログラムを機械語に変換するプログラムが言語処理プログラムである（図 1.4）．

(3) ユーティリティプログラム

コンピュータに仕事をさせる時，例えば学生の試験結果を成績順に並べたり，生理学の成績と薬理学の成績を，学籍番号をキーとして 1 つの成績データにしたり，汎用かつ頻繁に使用されるプログラムがある．これらのプログラムを利用する大学や企業がそのつど開発するには，経費と時間を要する．このような開発の手間を省いて，コンピュータメーカが，一般的かつ頻繁に利用されるプログラムを提供したのが，ユーティリティプログラムである．

図 1.4　言語処理プログラムの機能

1.3.2　応用ソフトウェア

　応用ソフトウェアは，ある特定の仕事をコンピュータにさせるために作成されたプログラム群のことをいう．例えば，病院に行って診療を受けた後，その診療に見合った診療費を支払うが，診療費の計算を行うためのプログラムがコンピュータに組み込まれている．また，大学では，学生の名簿の管理や成績の管理を行うことが必須であり，これらの業務もまた現在コンピュータで行われていることが多く，これらの処理を行う教務プログラムがコンピュータに組み込まれている．このようなプログラム群が応用ソフトウェア（application software）あるいはアプリケーションソフトウェアである．これから学ぶ Windows 10 ではアプリケーションソフトウェアを「**アプリ**」と言う．

　アプリケーションソフトウェアを作成するには，そのプログラムを使用する当事者が開発する場合と特定の業者（ソフトウェア開発会社）に依頼する場合がある．いずれの場合もプログラムを開発するということは，多くの労力，経費，時間を必要とする．これを解決する 1 つの方法として，病院で使用される医療事務計算用のプログラムや学校で利用される教務用プログラム，会社で使用される給与計算や財務経理計算用プログラムなど一般的に定式化されやすいプログラムを，コンピュータメーカが商品として比較的安価で販売しているので，目的に合ったこれらのプログラムを購入して利用すればよい．これをソフトウェアパッケージ（software package）という．洋服を買う場合の既製品にするか仕立（オーダ）にするかにたとえられる．ソフトウェアパッケージの代表的なものは，ワードプロセッサ（word processor），表計算ソフト，データベース（database）がある．

1.4 Windows 10

　最近のパソコンの代表的基本ソフトウェアには，Microsoft 社の Windows 10，Apple 社のMacOS などがあるが，本書では Windows 10 を取り上げ，その機能の一部について説明する．

1.4.1　Windows 10 の起動と初期画面

　パソコンの電源を入れると，Windows 10 が自動的に起動して図 1.5(a)「ロック画面」が表示され，クリックや任意のキーを押すと図 1.5(b) のパスワードの入力画面が表示される．図 1.5(b)のログオン画面で，事前にパソコンに登録されている，パスワードを入力する．正しいパスワードが入力された場合，図 1.6 の Windows 10 の「デスクトップ」画面が表示される．

(a) ロック画面

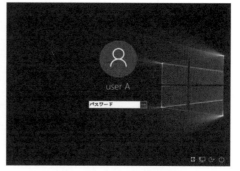
(b) パスワードの入力画面

図 1.5　Windows 10 のロック画面とログオン画面

スタートボタン

図 1.6　Windows 10 のデスクトップ

　Windows 10 には，通常の PC 操作に適した「デスクトップモード」とタブレット端末でのタッチ操作に適した「タブレット モード」がある．通常の PC では「デスクトップ モード」，タブレット端末では「タブレット モード」で動作する．「デスクトップモード」では，スタートボタン⊞ をクリックすることでスタートメニュー（図 1.7）が表示される．「スタートメニュー」では，左側に縦方向のメニュー（アプリ一覧），右側にタイルが表示される．「タブレットモード」では，「スタート画面（図 1.8）」が表示され，「スタート画面」では，画面全体にタイルが表示される．

図 1.7 Windows10 のスタートメニューが表示されたデスクトップ

図 1.8 Windows10 のスタート画面

図 1.9 アクションセンターの展開画面

図 1.6 の Windows 10 のデスクトップでスタートボタン ⊞ をクリックすると図 1.7 のスタートメニューが表示されたデスクトップ画面が表示される．図 1.7 画面でスタートボタンをクリックすると図 1.6 の画面になる．デスクトップ画面とスタート画面の切り替えはアクションセンター □ で行うことができる．アクションセンターをクリックすると図 1.9 の画面が表示される．「タブレットモード」をクリックすると図 1.8 のスタート画面が表示される．図 1.8 のスタート画面で同様の操作を行うとデスクトップ画面に図 1.7 のスタートメニューが表示された画面になる．

デスクトップモードはすなわち従来通りの普通の Windows で，マウスとキーボードで操作することを前提としたモードである．Windows XP や Windows 7 のようにデスクトップにはスタートメニューがあり，アプリはウィンドウで表示される．タブレットモードは Windows 10 からの新しい機能で，タッチ操作に最適化されたモードであり，タブレットでの使用に適したモードである．スタートメニューの代わりに全画面のスタート画面が表示され，アプリも同じく全画面表示され，メニューの幅が広がるなどタッチでの操作がしやすくなっている．

本書は通常のパソコン操作のリテラシーとするのでデスクトップモードを解説する．

1.4.2 マウスの操作

GUI の代表である Windows 10 は，マウスでアイコンやメニューを指定することで，プログラムの起動，ファイルの処理などを行っている．したがって，マウス操作は非常に重要であり，Windows 10 の各種機能を実行するには，まずマウスの操作を知ることが必要である．

マウスは図 1.10 で示す形状をしており，右手の人差し指をマウスの左ボタンに，中指を右ボタンに置いて使用する．Windows 10 や，次章から説明するワープロや表計算プログラムなどを操作するには，以下のようなマウス操作が必要である．スクロールボタンは右手の人差し指で操作する．

スタート画面やデスクトップ画面には矢印（ ▷ ）が表示されているが，この矢印をマウスポインタといい，マウスを机の上（なめらかな板の上）に置いた状態で上下左右に動かすと，その動きに従って画面上を移動する．マウスポインタをアイコンやスタートボタンなどの位置に置くことをポイントするという．ポイントした状態でマウスの左右ボタンを押したり離したりすることによってプログラムを実行させたりファイルを表示させたりすることができる．そのマウス操作には以下がある．

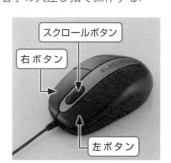

図 1.10 マウスの形状

・左クリック ………… マウスの左ボタンを 1 回押して離す（単にクリックともいう）．
・右クリック ………… マウスの右ボタンを 1 回押して離す．
・ダブルクリック ……… マウスの左ボタンを 2 回連続して押して離す．
・ドラッグ …………… マウスの左ボタンを押したままでマウスを移動させる．
・ドラッグ＆ドロップ … ドラッグし目的とした位置でボタンを離す．
・スクロール ………… マウスの中央のホイール（スクロールボタンあるいはホイールボタン）を回転させるとマウスポインタを動かさないで画面をスクロール（上下に動かす）することができる．これらのマウス操作の意味は順次説明する．

1.4.3 ファイルの管理

　コンピュータでは，作成した文書や表あるいは計算結果などのデータを固定ディスク装置や USB などの外部記憶装置に記憶して保存することができる．次に，これらのデータの保存の方法やその他の操作について説明する．

　固定ディスク装置や USB などの外部記憶装置に保存して利用するデータ（文書や表など）をファイル（file）といい，いくつかのファイルが集まったものをフォルダー（folder）という．ファイルやフォルダーは他のものと区別するため，名前が付けられ，それぞれを「ファイル名」，「フォルダー名」と呼ぶ．図 1.8 の例では，「ワード文書」という名前のフォルダーに，「文書 1.docx」，「文書 2.docx」，「文書 3.docx」，「文書 4.docx」という 4 つのファイルが保存されている．さらに，フォルダーは，まとめてさらに大きなフォルダーに保存することもできる．

　ファイル名は「ファイルの名前」と「拡張子」からなる．ファイルの名前と拡張子との間には「文書 2.docx」のようにピリオド「.」が入る．ファイルの名前は，半角 255 文字以内で，スペースも使用できるが，¥，/，:，*，?，"，<，>，| の各文字は使用できない．ただし，全角の場合，半角 2 文字と数える．ここで，「全角」とは，通常，漢字やひらがなが表示される文字の大きさであり「半角」は全角の半分のサイズである．拡張子は半角 4 文字以内で，ファイルの種類別に設定することができる．また，アプリケーション（アプリ）を使用してファイルを保存する時には，自動的にそのアプリケーション（アプリ）固有の拡張子が付けられる．例えば，Microsoft Word では「docx」，Microsoft Excel では「xlsx」などと付けられる．

　コンピュータの外部記憶装置には，固定ディスク装置，光磁気ディスク装置（最近はほとんど使われない），CD 装置，DVD 装置，USB 装置などがあるが，これらの装置を「ドライブ」といい，その名称を「ドライブ名」という．Windows 10 では，固定ディスク装置には「C」，その他の装置のドライブ名は，補助記憶装置の構成によって異なる．例えば，USB メモリ装置は F，G，H，I などが割り当てられる．ドライブをファイルキャビネットと呼ぶ場合もある．USB メモリ装置の中の「情報科学」というフォルダーに「ワード .docx」というファイルが保存されている場合，このファイルの保存場所を指定するには，次のように行う．

　　　F:¥ 情報科学 ¥ ワード .docx

「F:」は USB メモリ装置を示すドライブ名，「情報科学」はフォルダー名，「ワード .docx」はファイル名を示している．ドライブ名を指定する場合は，「F:」のように，その後ろにコロン「:」を付ける．また，これらの名前の区切りには，「¥」マークを入れる．

1.4.4 ウィンドウの基本操作

　コンピュータの電源を入れると図 1.5(a) で示した Windows 10 のロック画面が表示される．さらに図 1.5(b) のログオン画面で，事前にパソコンに登録されているパスワードを入力すると図 1.6 の Windows 10 のデスクトップが表示される．また，スタートボタンをクリックすることでスタートメニュー（図 1.7）が表示される．

1.4.4.1 デスクトップの基本操作

(1) 各部の名称と機能

デスクトップ（スタートメニュー）画面の（図 1.11）の各部の名称とその動作を説明する.

図 1.11 デスクトップ（スタートメニュー）

図 1.11 ではプログラムあるいはアプリケーションソフトウェア（Windows10 ではアプリと言う）の起動を行ったり, コンピュータに記憶されているデータ（ファイル）を処理することができる. この画面における各名称と機能は以下の通りである. 最初にスタートメニューは 3 つの部分に分かれている.

A. パソコンの基本的な機能

スタートメニューの一番左側に表示されるボタンで下から,「アカウント 🤶」「エクスプローラ 🗐」「設定 ⚙」「電源 ⏻」といった, パソコンの基本的な機能が並んでいる. どのボタン（機能）を表示させるかは, 設定を使って変更可能である.

アカウント 🤶：マウスポインタを合わせると, サインインしているユーザ名が表示される. クリックするとアカウントの変更, ロック, サインアウトの 3 つのメニューが表示され, アカウントの操作が可能である.

エクスプローラ 🗐：Windows 上のファイルをわかりやすく管理するためのプログラム. 正式には Windows Explorer だが, 単にエクスプローラと略して呼ばれることが多い. コンピュータに接続されたドライブ, フォルダー, ファイルを階層構造で表示でき, コピーや移動, 名前の変更, プログラムの実行といった操作を行える.

　　設　　　　定 ⚙ ：クリックすると設定画面が表示され，Windows の設定を行うことがで
　　　　　　　　　　きる．

　　電　　　　源 ⏻ ：クリックするとスリープ（スリープ状態は，作業中のプログラムやデー
　　　　　　　　　　タをメモリに保存して，パソコン本体の動作を中断する機能），シャット
　　　　　　　　　　ダウン（PC をシャットダウン，システムを終了して電源オフの状態に
　　　　　　　　　　する），再起動（PC をシャットダウンしてから直ちに起動する）の3つ
　　　　　　　　　　のメニューが表示される．

B. アプリの一覧

　パソコンにインストールされているアプリの一覧が表示される．アルファベット，50 音順に整理されている．

C. アプリを起動するためのアイコン（タイルと呼ぶ）

　　グループごとに分類されたタイルが表示される．タイルをクリックするとアプリが起動する．
　　以下に図 1.11 の画面の各部名称と機能概要を示す．

　❶**マウスポインタ**：利用者のマウス操作に合わせて，画面上を指し示す小さな絵柄のこと．マウ
　　スカーソルとも呼ばれる．マウスの動きに合わせて画面上を移動できる．

　❷**デスクトップ**：アプリやフォルダーのウィンドウを表示して作業をするスペース．

　❸**スタートメニュー**：よく使うアプリや場所，電源，すべてのアプリなどが表示される．

　❹**タイルのグループ**：スタート画面にあるタイルのまとまり．

　❺**タイル**：よく使うアプリやフォルダーなどを自由に配置できる．

　❻**スタートボタン**：スタートメニュー（画面）を表示する．

　❼**検索ボックス**：検索したい文字列を入力する領域．

　❽**タスクバー**：アプリを起動したり使用中のアプリを切り換えたりできる．

　❾**通知領域**：実行中のアプリやシステムについての情報が表示される．

　❿**アクションセンター**：DVD や USB メモリなどの挿入時や Windows の更新の案内，セキュ
　　リティリスクの情報など，ユーザへの各種通知を管理する．また，「デスクトップモード」と
　　「タブレット モード」の切り替えを行う．

(2) アプリ

　Windows にはストアアプリとデスクトップアプリがある．

① Windows ストアアプリ

　Windows ストアアプリは，Windows 8 から登場したアプリケーションである．Modern UI と
呼ばれるユーザーインターフェース上で動作し，Windows ストアアプリはタッチ操作がしやすい
よう作られているのが大きな特徴である．マウスとキーボードによる操作でも使える．

　Windows ストアアプリは，基本的に Windows ストアと呼ばれるところで入手して使うので，
Windows ストアアプリと呼ばれる．

②デスクトップアプリ

　デスクトップアプリは，Windows のデスクトップ上で動作するアプリケーションである．

Windowsストアアプリが登場する前は，主にウェブアプリ（ウェブブラウザ上で動作するアプリケーション）と区別するために，デスクトップアプリという呼び方が使われてきたが，Windowsストアアプリが登場してからはWindowsストアアプリと区別するためにも使われるようになった．デスクトップアプリは，マウスとキーボードによる操作がしやすいよう作られているが，タッチ操作でも使える．以前は，デスクトップアプリは，CDやDVD等のメディアによる提供が一般的であったが，今ではインターネットによる提供が普及している．また，Windowsストアでは，主にWindowsストアアプリを提供しているが，デスクトップアプリも提供している．

1.4.4.2　アプリケーションの操作

本書ではデスクトップアプリの操作について解説する．アプリの起動はデスクトップ画面（図1.6，図1.11）で行う．

(1) スタートメニューでの起動

① A．パソコンの基本的な機能エリアでの起動

図1.11のAエリアで，例えば「エクスプローラ」を起動したい場合，エクスプローラのアイコン ![エクスプローラ] をクリックすると「図1.12　PCのウィンドウ」が展開する．

エクスプローラは，コンピュータに接続されたドライブ，フォルダー，ファイルを階層構造で表示でき，コピーや移動，名前の変更，プログラムの実行といった操作を行えるアプリである．

② B．アプリの一覧での起動

図1.11のBエリアで，例えば「エクスプローラ」を起動したい場合，エクスプローラのアイコン ![エクスプローラ] をクリックすると「図1.12　PCのウィンドウ」が展開する．

③ C．アプリを起動するためのアイコン（タイルと呼ぶ）での起動

図1.11のCエリアで，例えば「エクスプローラ」を起動したい場合．Cエリアのスクロールバーによりエクスプローラのタイル ![タイル] を表示させ，タイルをクリックすると「図1.12　PCのウィンドウ」が展開する．

(2) デスクトップでの起動

図1.6　Windows10のデスクトップでエクスプローラのアイコン ![アイコン] をダブルクリックすると「図1.12　PCのウィンドウ」が展開する．

(3) 各部の名称と機能

スタートメニュー，デスクトップにおけるタイルあるいはアイコンは，各種アプリケーションやファイルなどが集約されて格納されている．アプリケーションを実行したり，アイコンの中のファイルを編集するにはアイコン（フォルダー）を開く操作を行う．目的とするアイコンをポイントし，クリックあるいはダブルクリック（デスクトップではダブルクリック）するとウィンドウが表示される．この操作を「ウィンドウを開く」という．例えば，図1.6のPCのアイコン ![PCアイコン] をダブルクリック（あるいはクリック）すると，図1.12で示すPCのウィンドウが表示される．このウィンドウ

の各部には図で示すような名称が付けられている.

図 1.12　ＰＣのウィンドウ

その機能を概要は以下で示す.

❶**タイトルバー**：アプリケーションの名前やファイル名が表示されている. タイトルバーをドラッグすると, ウィンドウの移動ができる.

❷**クイックアクセスツールバー**：頻繁に利用するボタンが配置されている.

❸**タブ**：よく使用する機能をグループごとにまとめ, 操作に合わせてタブをクリックすると, 操作のためのリボンが表示される.

❹**検索ボックス**：検索文字列を入力して, 現在メインウィンドウに表示されているドライブやフォルダーの中を検索することができる.

❺**アドレスバー**：現在「メインウィンドウ」に表示されているドライブ, フォルダー, ファイルのアドレスを表示している.

❻**リボン**：操作に必要なボタンが配置されている. 関連する内容ごとにタブにまとめられていて, タブをクリックすると表示が切り替わる. タブをダブルクリックするとリボンが常に表示される.

❼**リボンの展開**：∨の時クリックするとリボンが表示され, ∧の時クリックするとリボンが隠れる.

❽**ナビゲーションウィンドウ**：ドライブの内容やフォルダー内容を表示している. 表示されているドライブやフォルダーをクリックするとその内容がメインウィンドウに表示される. また, メインウィンドウに表示されているフォルダーやファイルをクリックしてナビゲーションウィンドウの他のドライブ, フォルダーにドロップすると移動やコピーを行うことができる.

❾**プレビューウィンドウ**：選択したファイルの内容が表示され，ファイルを開かなくても内容を確認することができる．このウィンドウが表示されていない場合は，図1.15で示した「タブ」の「表示」をクリックしてリボンの「プレビューウィンドウ」をクリックする．

❿**詳細ウィンドウ**：選択したドライブの詳しい情報（使用領域，空き領域，サイズなど），またファイルの詳しい情報（ファイル名，タイトル，更新日時，作成者など）が表示される．このウィンドウが表示されていない場合は，図1.13で示したように「タブ」表示ボタンをクリックし表示されたリボンの中の「詳細ウィンドウ」をクリックする．

図1.13　詳細ウィンドウ

⓫**メインウィンドウあるいはファイル一覧ウィンドウ**：ドライブやフォルダーの内容が表示される．検索ボックスからファイルを検索する場合は，検索文字列と一致するファイルのみが表示される．

⓬**進む／戻るボタン**：ナビゲーションウィンドウやアドレスバー，あるいはメインウィンドウ／ファイル一覧ウィンドウで表示されているフォルダーなどを使って他のフォルダーを表示した時「戻る」ボタンをクリックすると，直前に表示していたフォルダーに戻る．「進む」ボタンをクリックすると「戻る」ボタンをクリックする前の状態に戻る．

⓭**最小化ボタン**🗕：表示されているウィンドウが作業中（アクティブ）のまま閉じられ，タスクバーにそのフォルダー名が表示される．ウィンドウをアクティブのまま閉じることを「最小化する」または「アイコン化する」という．タスクバーのアイコンをクリックするとウィンドウが再表示される．

❹**最大化ボタン** □：表示されているウィンドウがディスプレイ画面全体に拡大表示される．これを「最大化する」という．ウィンドウを最大化した場合，タイトルバーの右隅には元のサイズに戻すボタン □ が表示される．このボタンをクリックすると，最大化する前のウィンドウのサイズに戻る．

❺**閉じるボタン** ✕：現在アクティブなウィンドウを閉じて，作業を終了する．

（4）ウィンドウの拡大，縮小

ウィンドウの上下左右や角にマウスをポイントすると，縦の辺の場合はマウスポインタの形状が ⬚ 状の矢印から ⟷ に，横辺の場合は ⇕ のような形状の矢印に変わる．また，角の場合は，⤢ のような形状の矢印に変わる．マウスの形状が ⟷ ⇕ ⤢ に変わったなら，左ボタンを押したままマウスを動かすと，ウィンドウの拡大・縮小を行うことができる．例えば，ウィンドウで向かって右端にマウスポインタを移動し，その形状を ⟷ にしてから，マウスの左ボタンを押したまま，右に移動させると，ウィンドウは大きくなり，逆に左側に移動するとウィンドウは小さくなる．

（5）ウィンドウの移動（アイコンの移動）

ウィンドウのタイトルバーをポイントし，マウスの左ボタンを押したままマウスを動かす（ドラッグ）と，その動きの方向にウィンドウが移動する．マウスを停止させ，左ボタンを離すとウィンドウの移動が停止する．

デスクトップやウィンドウでアイコンなどをドラッグし，目的の位置まで移動して，マウスの左ボタンから指を離す（ドロップ）ことをドラッグ＆ドロップという．ドラッグ＆ドロップを行うことでアイコンなどを目的とする位置まで移動できる．

（6）ウィンドウのスクロール

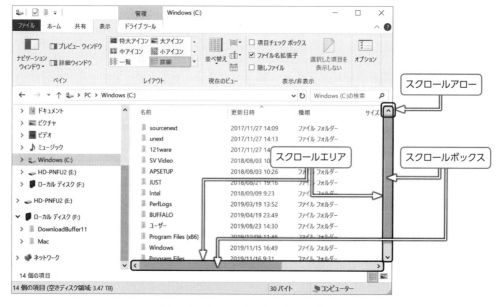

図1.14　ウィンドウのスクロール

　ウィンドウに表示しきれないフォルダーやファイルを上下左右に移動し表示することをスクロールという．ウィンドウに表示しきれないフォルダーやファイルがあると図1.14で示すようなスクロールバーが表示される．スクロールバーは，スクロールボックス，スクロールエリア，スクロールアローからなる．スクロールボックスをマウスでポイントし，左ボタンを押したままマウスを移動（ドラッグ）すると，縦のスクロールバーであると縦方向に，横のスクロールバーであると横方向にウィンドウをスクロールすることができる．また，スクロールアローをクリックすると，少しずつスクロールすることができる．

（7）複数ウィンドウ表示 / アクティブウィンドウ

　Windowsの画面では図1.15で示すように複数のウィンドウを同時に表示させることができる．表示されているウィンドウの中で一番手前に表示されているウィンドウをアクティブウィンドウという．背面のウィンドウをアクティブウィンドウにする（ウィンドウを切り替える）には，アクティブウィンドウにしたいウィンドウをクリックするか，タスクバーに表示されているウィンドウのボタンをクリックすればよい．

図1.15　複数のウィンドウの表示

（8）フォルダー / ファイルの移動，コピー

　フォルダーやファイルの移動，コピーの方法は4つの方法がある．
①リボンの「コピー」，「切り取り」ボタンの利用
　「メインウィンドウ／ファイル一覧ウィンドウ」で移動やコピーをしたいフォルダーやファイルをクリックする．次に，リボンの中から，移動する場合は「切り取り」 ✂ ，コピーの場合は「コピー」 ボタンをクリックする（図1.16(a)）．「ナビゲーションウィンドウ」の移動あるいはコピーするドライブ，フォルダーをクリックすると，その内容が「メインウィンドウ／ファイル一覧

ウィンドウ」に表示されるので，リボン「貼り付け」ボタン $\square$ をクリックする（図 1.16(b)）．リボンが表示されていない場合はリボンの展開ボタン $\vee$ をクリックする．

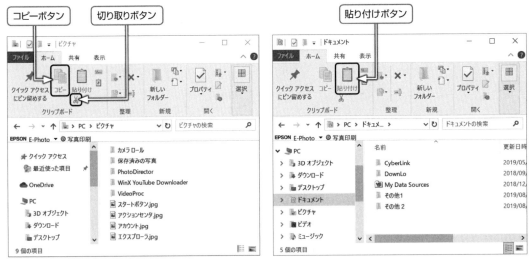

(a) 切り取り（移動）とコピー操作 　　　(b) 貼り付け操作

図 1.16　リボンの「コピー」，「切り取り」ボタンによるコピーと移動

②右クリックによる「移動」，「コピー」

　「メインウィンドウ／ファイル一覧ウィンドウ」で移動やコピーをしたいフォルダーやファイルを右クリックし，表示されるメニューの中から「切り取り」あるいは「コピー」をクリックする（図 17(a)）．「ナビゲーションウィンドウ」の移動あるいはコピーするドライブ，フォルダーをクリックすると，その内容が「メインウィンドウ／ファイル一覧ウィンドウ」に表示されるので，フォルダー名やファイル名が表示されていない部分で右クリックする．表示されるプルダウンメニューの中から「貼り付け」ボタンをクリックする（図 1.17(b)）．

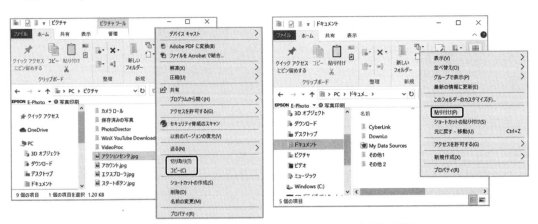

(a) 切り取りとコピー 　　　(b) 貼り付け

図 1.17　右クリックによるコピーと移動

③メインウィンドウ／ファイル一覧ウィンドウでのドラッグ＆ドロップによる「コピー」

　メインウィンドウ／ファイル一覧ウィンドウで表示されているフォルダーやファイルの移動やコピーはドラッグ＆ドロップで行うことができる．移動または，コピーしたいフォルダーやファイルをドラッグしマウスを移動させるとマウスの形状が図 1.18 で示すようなファイルやフォルダーの属性に即した形状になる．図 1.18 の場合は Excel ファイルであるので のようなポインタ形状となる．左ボタンを押したまま，Ctrl キーを押すと図 1.18(b) で示すように「＋［フォルダー名］へコピー」のメッセージが表示されるので，マウス左ボタンを離すとコピーが行われる．同じフォルダー名・ファイル名のフォルダー・ファイルがある場合，コピーされた時のフォルダー名やファイル名は「［ファイル名］- コピー」となる．もう一度コピーすると，「［ファイル名］- コピー （2）」となる．

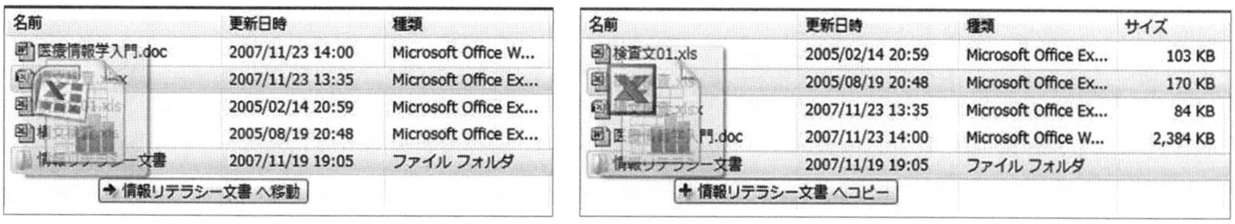

名前	更新日時	種類
医療情報学入門.doc	2007/11/23 14:00	Microsoft Office W...
xls	2007/11/23 13:35	Microsoft Office Ex...
xls	2005/02/14 20:59	Microsoft Office Ex...
様	2005/08/19 20:48	Microsoft Office Ex...
情報リテラシー文書	2007/11/19 19:05	ファイル フォルダ

→ 情報リテラシー文書 へ移動

名前	更新日時	種類	サイズ
検査文01.xls	2005/02/14 20:59	Microsoft Office Ex...	103 KB
xls	2005/08/19 20:48	Microsoft Office Ex...	170 KB
xls	2007/11/23 13:35	Microsoft Office Ex...	84 KB
門.doc	2007/11/23 14:00	Microsoft Office W...	2,384 KB
情報リテラシー文書	2007/11/19 19:05	ファイル フォルダ	

＋ 情報リテラシー文書 へコピー

(a) 移動　　　　　　　　　　　　　　　　　(b) コピー

図 1.18　ドラッグ & ドロップによるコピーと移動

④メインウィンドウ／ファイル一覧ウィンドウとナビゲーションウィンドウでのドラッグ＆ドロップによる「コピー」と「移動」

　メインウィンドウ／ファイル一覧ウィンドウで表示されているフォルダーやファイルのナビゲーションウィンドウに表示されているフォルダーやデバイスへの移動やコピーはドラッグ＆ドロップで行うことができる．移動または，コピーしたいフォルダーやファイルをドラッグしマウスを移動させるとマウスの形状が図 1.19 で示すようなファイルやフォルダーの属性に即した形状になる．図 1.19 の場合は Word ファイルであるので のようなポインタ形状となる．左ボタンを押しながら，図 1.19(a) で示すようにナビゲーションウィンドウのフォルダーをポイントすると「＋［フォルダー名］へコピー」のメッセージが表示されるので，マウス左ボタンを離すとコピーが行われる．Shift キーを押しながらポイントすると「→［フォルダー名］へ移動」のメッセージが表示されるので，マウス左ボタンを離すと移動が行われる．

(a) コピー

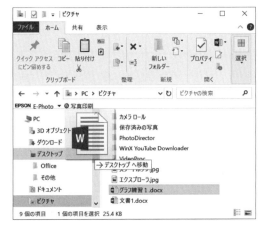

(b) 移動

図 1.19　メイン／ファイル一覧ウィンドウからナビゲーションウィンドウへの移動とコピー

　フォルダーやファイルを移動，コピーする時，同じフォルダー名，ファイル名が移動，コピー先に存在すると警告のメッセージ（図 1.20）が表示される．「ファイルを置き換える」をクリックすると，コピー，移動先のフォルダー，ファイルが移動元のフォルダー，ファイルに置き換えられる．「ファイルは置き換えずスキップする」をクリックすると移動，コピーは実行されない．「ファイルの情報を比較する」をクリックすると，図 1.21 ファイルの情報を比較する画面が表示される．「現在の場所」をクリックして「続行」をクリックすると移動先のフォルダー，ファイルは変更されない．「宛先の場所」をクリックして「続行」をクリックすると移動先のフォルダー，ファイルは移動元のフォルダー，ファイルに置き換えられる．両方クリックすると，移動先のフォルダー，ファイルは保持され，新たに移動，コピーされるフォルダー，ファイルが別名で保存される（例えば，「例文 1.docx」は「例文 1（2）.docx」というファイル名で保存される．

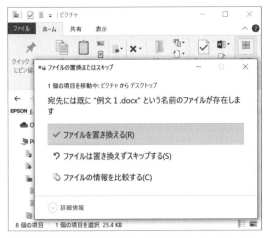

図 1.20　コピー，移動における警告メッセージ

図 1.21　ファイルの情報を比較する画面

⑤ウィンドウ間でのドラッグ＆ドロップ

　移動，コピー元と移動，コピー先の２つのウィンドウを開いておく．移動，コピー元のフォルダーやファイルをクリックしそのまま移動，コピー先のウィンドウにドロップする（図 1.22）．異なるドライブ間で，「ファイル一覧ウィンドウ」への移動，コピーは，ドラッグ＆ドロップするとコピーとなり，[Shift] キーを押してマウスを離すと移動となる．

> 参考　複数のフォルダーやファイルを指定する場合は，[Ctrl] キーを押しながらフォルダーやファイルをクリックする．また，連続するフォルダーやファイルを指定する場合は，フォルダーやファイルの表示形状を「詳細」にしておき，上に位置するフォルダー（ファイル）をクリックし，[Shift] キーを押しながら下部のフォルダー（ファイル）をクリックする．あるいは，下に位置するフォルダー（ファイル）をクリックし，[Shift] キーを押しながら上部のフォルダー（ファイル）をクリックする．

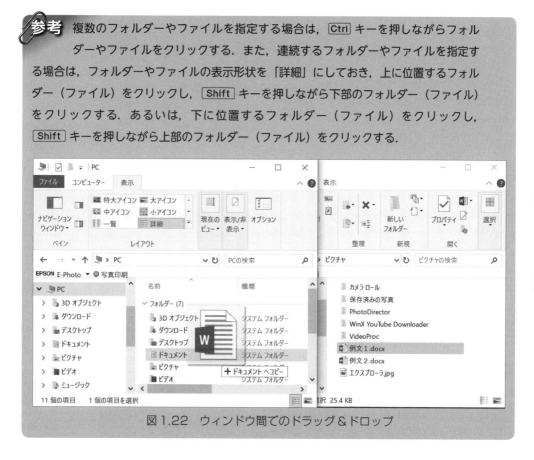

図 1.22　ウィンドウ間でのドラッグ＆ドロップ

(9) フォルダー / ファイルの削除

　削除するフォルダーやファイルをクリックし [Delete] キーを押すと削除される．あるいは，削除するフォルダーやファイルを右クリックすると右図が表示されるので「削除」をクリックする．

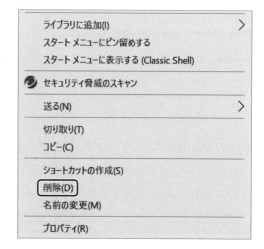

(10) フォルダーの作成

ドライブやフォルダーに新しいフォルダーを作成するには 2 つの方法がある.

①リボンの「新しいフォルダー」ボタンを利用する

新しいフォルダーを作成するドラ
イブあるいはフォルダーを開き,
「ツールバー」のリボンの「新しいフォ
ルダー」をクリックする. 図 1.23
で示すようにメインウィンドウ／
ファイル一覧ウィンドウの「新しい
フォルダー」という名前のフォル
ダーが作成されるので, フォルダー
名を入力する. 例えば「Word 文書」
と入力すると,「Word 文書」という
名前のフォルダーが作成される.

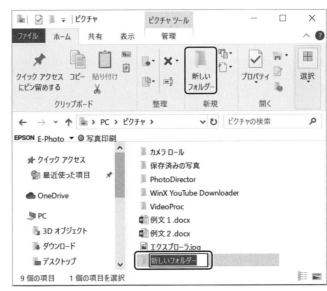

図 1.23　新しいフォルダーの作成（リボン利用）

②右クリックによる作成方法

「メインウィンドウ／ファイル一
覧ウィンドウ」でフォルダーやファ
イル以外の場所で右クリックする.
表示されたメニュー(図 1.24)の「新
規作成」をポイントするとさらに新
しいメニューが表示される（図
1.24）.「フォルダー」をクリック
すると図 1.23 で示される新しい
フォルダーが作成される. ①と同じ
操作でフォルダーを作成することが
できる.

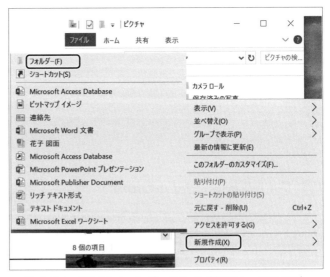

図 1.24　新しいフォルダーの作成（右クリックによる）

(11) フォルダー，ファイルの名前の変更

リボンの「名前の変更」を利用する方法と右クリックする方法がある.

①リボンの「名前の変更」を利用する方法

変更するフォルダー，ファイルをクリックする. リボンの「名前の変更」ボタンをポイントする

と図1.25(a)になるのでクリックするとファイル名の背景が変わり名前を入力できるようになる(図1.25(b)). 名前を入力し, Enter キーを押す.

(a) 名前の変更ボタンにポイント

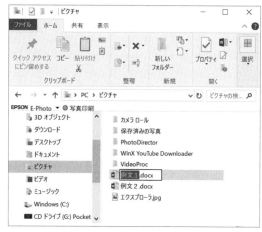

(b) 名前の変更ボタンをクリック

図1.25 フォルダーの名前の変更(リボン利用)

②右クリックによる作成方法

変更するフォルダー, ファイルを右クリックすると右図が表示されるので「名前の変更」をクリックする. 図1.25(b)で示すようにファイル名の背景が変わり名前を入力できるようになる. 名前を入力し, Enter キーを押す.

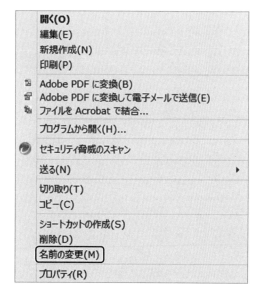

1.4.5 アプリケーション(プログラム)の起動

Windows 10では, マウスを利用して簡単に, ワープロソフトや表計算ソフトなどのプログラムを起動することができる. ワープロソフトのMicrosoft Word365を起動させてみよう.

操作 1-1　Microsoft Office365 Word の起動

(1) デスクトップ画面からの起動

「図 1.26 デスクトップ画面からの Word を起動 (a)」画面で Word のタイルがある場合は，そのアイコンをクリックするとアプリが起動する. この場合, Office のタイルがあるのでクリックすると「Office」のフォルダーが開き図 1.26 (b) が表示されるので，Word のアイコン 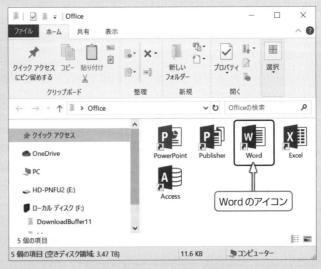 をダブルクリックする.

(a) タイルの利用

「図 1.26 デスクトップ画面からの Word を起動 (a)」画面でのアプリ一覧で Word のショートカット（図 1.26(b)) がある場合，そのアイコンをクリックするとアプリが起動する.

(b) Office から Word を起動

図 1.26　デスクトップ画面からの Word を起動

1.4.6 Windows の終了（シャットダウン）

操作 1-2　Windows の終了（シャットダウン）

① 「図 1.26　デスクトップ画面からの
Word を起動」画面でスタートボタン⊞
を右クリックすると図 1.27 が表示され
るので「シャットダウンまたはサインア
ウト（U）」にマウスをポイントし，表示
されるメニューの「シャットダウン（U）」
をクリックすると Windows をシャット
ダウンしてから電源が切断される．

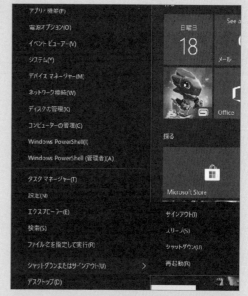

図 1.27　シャットダウンまたはサインアウト

参考　**サインアウト**：サインインとは，Windows がユーザーアカウントを識別し，利用可
能な状態にする操作のことであり，ログインともいう．逆にシステムの利用を停止す
ることをサインアウト，あるいはログアウトという．Windows からサインアウトすると，
使用していたすべてのアプリは閉じられるが，コンピュータの電源はオフにならない．他
のユーザは，再起動しなくても，同じコンピュータにサインインできる．他のユーザがコ
ンピュータの電源をオフにした場合でも，自分の情報が失われることはない．

スリープ：スリープとは，省電力状態の 1 つであり，スリープ状態を使用すると，開いて
いるドキュメントとプログラムがすべて保存され，作業を再開したい時は，迅速に（通常
は数秒間で）コンピュータを通常の電力状態の動作に戻すことができる．処理を再開した
い時は，電源ボタンを押す．

シャットダウン：システムを終了させ，電源を切断することである．コンピュータでは，電
源をいきなり切ると，ファイルの破損や，ハードウェアの故障が起こる場合がある．そこで，
シャットダウンという方法によって，作業中のファイルを閉じたり，メモリの内容をディス
クに退避させたり，ネットワークや周辺機器の切断などの処理をしてから，電源をオフにする．
コンピュータが起動している状態で電源を切った場合は，異常終了とみなされ，次回の起動
時にシステムの不都合の確認・修復が行われ，起動に時間がかかることがある．

再起動：コンピュータを起動しなおすことで，電源を入れた時と同じ状態になり，再び使
用可能となる．すべてのファイルとプログラムを閉じた後にコンピュータの電源を切り，
その後で再び起動する．

②図1.11 デスクトップ（スタートメニュー）のＡエリアの「電源⏻」をクリックすると
スリープ（スリープ状態は，作業中のプログラムやデータをメモリに保存して，パソコン
本体の動作を中断する機能），シャットダウン（PCをシャットダウン，システムを終了し
て電源オフの状態にする），再起動（PCをシャットダウンしてから直ちに起動する）の3
つのメニューが表示されるので，シャットダウンをクリックするとWindowsをシャット
ダウンしてから電源が切断される．

第**2**章

ワードプロセッサ
―Office 365 Word―

前章でコンピュータの基礎と Microsoft Windows 10 について解説したのに続いて，本章では，アプリケーションソフトの代表である，ワードプロセッサについて説明する．本書では Microsoft Office 365 Word（あるいは，Word Office 365）について説明することにする．また，本章の内容は，情報処理リテラシー教育ということで，大学での授業や医療専門職として勤務した時にワープロを使用するうえで困らない程度の内容とする．さらに高度なワープロ技術を習得したい場合は，他の解説書を参照されたい．

2.1 Wordの基本操作

2.1.1　起動

Word の起動は以下のように行う．

操作 2-1　Office 365 Word の起動

①第 1 章の「図 1.26　デスクトップ画面からの Word を起動」(a) で示す Office のタイルをクリックし，(b) の画面で Word のアイコン ![icon] ダブルクリックすると Word が起動する．スタート画面に Word365 のタイルがない場合で，「図 1.26 デスクトップ画面からの Word を起動」画面でのアプリ一覧で Word のショートカット ![icon] Word （図 1.26(b)）がある場合，そのアイコンをクリックするとアプリが起動する．

② Office 365 Word が起動し，「図 2.1　テンプレートの選択画面」の画面が表示されるので白紙の新規文書で起動するには「白紙の文書」をクリックする．

③ Office 365 Word が起動し，「図 2.2 の新規文書作成画面」が表示される．

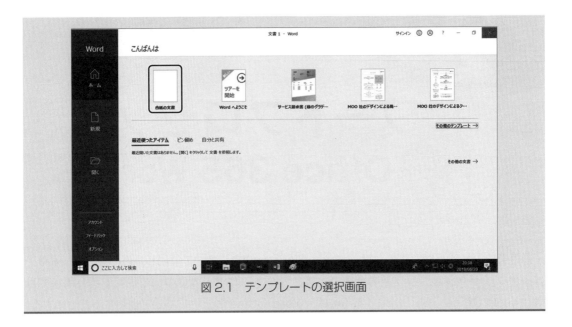

図 2.1 テンプレートの選択画面

2.1.2 Word の画面

Word が起動すると図 2.2 で示す文書を作成・編集する画面が表示される．画面の各部分の名称は以下のとおりである．

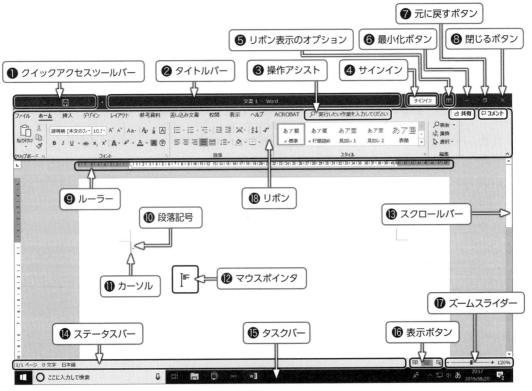

図 2.2 新規文書の作成画面

❶**クイックアクセスツールバー**:「保存」や「元に戻す」,「やり直し」アイコンが表示されている.

❷**タイトルバー**:編集中の文書名を表示する. 最初に Word が起動された時には「文書1」が表示されている.

❸**操作アシスト**:入力したキーワードに関連する検索やヘルプが表示される機能. 使いたい機能のボタンがどこにあるかわからないときに利用する.

❹**サインイン**:Word や Excel では,「サインイン」という操作を行うと,Word や Excel から OneDrive に直接ファイルを保存できる. Microsoft アカウントを取得するときに登録した電子メールアドレスとパスワードを入力すれば,簡単にサインインできる. サインインが完成するとここにユーザ名が表示される.

❺**リボン表示のオプション**:リボン,タブ,タブとコマンドの表示に関するウィンドウ（右図）が表示され表示のオン・オフができる.

❻**最小化ボタン**:現在アクティブなウィンドウを非表示にしてタスクバーにアイコンを表示する. タスクバーにアイコンをクリックすると Word が再表示される.

❼**元に戻すボタン**:表示されている画面がウィンドウ画面になる. ウィンドウ画面では ❑ が ■ （最大化ボタン）となり,このボタンをクリックするとウィンドウがディスプレイ画面全体に拡大表示される.

❽**閉じるボタン**:現在アクティブなウィンドウを閉じて,作業を終了する.

❾**ルーラー**:目盛りの役割をもっており,用紙の上に横方向のルーラー,左側に縦方向のルーラーがある. ルーラーの目盛りは文字単位またはミリ単位で表示される.

❿**段落記号**:改行マーク.

⓫**カーソル**:文字を入力する位置を表し,入力した文字は,カーソルが点滅している位置へ表示される.

⓬**マウスポインタ**:Word のマウスポインタである. 操作状況によっては,矢印以外の形 (砂時計や十字,手形など) になることがある. Microsoft Word の場合,文字入力ができる箇所では,マウスポインタが図2.2のような縦棒の形になる. この状態でダブルクリックすると,その位置にカーソルが移動し文字が入力できる. マウスポインタの右にある横棒は,配置 (左揃え,中央揃え,右揃えなど) を表している.

⓭**スクロールバー**:ウィンドウを上下左右にスクロールするときに使う. 画面右側には上下に移動するスクロールバー,画面下には左右に移動するスクロールバーが表示されている (但し,前文章が表示されている時は表示されない)

⓮**ステータスバー**:開いている文書の情報が表示される.

⓯**タスクバー**:現在起動しているプログラム名やファイル名を表示する.

⓰**表示ボタン**:編集している文書の表示 (印刷レイアウト,下書きなど) を変更することができる.

⓱**ズームスライダ**:編集している文書の表示倍率の変更を行うことができる.

⓲**リボン**:リボンでは,各タブ（図2.3参照）をクリックしてコマンドボタンをクリックすると Word の機能を実行することができる. リボンは,コマンドボタンを集約し Word の機能を

素早く実行できることを目的として設計された．リボンには，タブ，グループ，コマンドという3つの基本的な構成要素がある．また，「(d) ダイアログボックス起動ツール（ダイアログボックスランチャー）」は，各グループに含まれるコマンドの詳細を設定できるダイアログボックスが表示される．

(a) タブ：タブは Word で実行する主要な機能をまとめたもので，クリックするとリボンの内容が変わり，タブの見出しが示すグループが表示され，コマンドが実行できる．

(b) グループ：タブの関連するコマンドをまとめたものである．

(c) コマンド：クリックすると Word の操作が実行できるボタンであるが，コマンドには次の2つの種類がある．

・クリックすると操作が実行できる．

・クリックすると操作が実行できるボタンの右横にプルダウンメニューが開くボタン▼が付いているもの．

(d) ダイアログボックス起動ツール：ダイアログボックス起動ツールをクリックすると，ダイアログボックスが表示され，そのグループに関する詳細な設定を行うことができる．

図2.3　リボンの詳細

2.1.3　終了

Office 365 Word の終了は次の操作による．

操作 2-2　Office 365 Word の終了

①「図2.2　新規文書の作成画面」で「❽閉じるボタン」をクリックすると「図2.4　Word の終了の確認画面」が表示される．

②作成文書の保存の有無などによって以下の操作を行う．

・文書を保存して終了する時……………　保存 をクリック

・文書を保存しないで終了する時…………　保存しない をクリック

・終了操作を取り消す時…………………　キャンセル をクリック

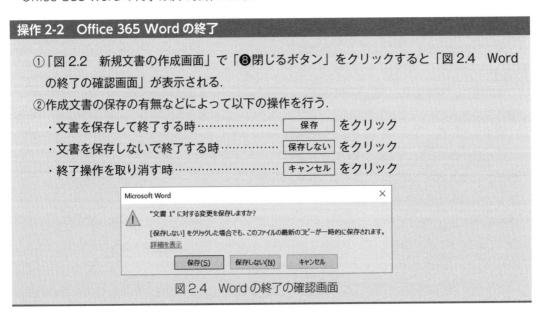

図2.4　Word の終了の確認画面

2.1.4 ページ設定

文書を作成するためには，文書の 1 ページの行数，1 行の文字数，文字のサイズなど種々の条件を最初に設定する．また，文書を印刷する時の用紙のサイズ（A4，B5，B4 など）も決める必要がある．

操作 2-3　ページ設定ダイアログボックスの表示

①リボンの「レイアウト」タブをクリックしグループ「ページ設定」グループの「ダイアログボックス起動ツール」をクリックする．

②次に，図 2.5 に示す「ページ設定」ダイアログボックスが表示されるので，文字数と行数，余白，用紙サイズ，フォントサイズなどを設定する．

操作 2-4　用紙サイズの設定

①「用紙」のタブをクリック（図 2.5(a) 参照）．

②用紙サイズの ▼ をクリックすると用紙のサイズリストが表示されるのでその中から選択する．

③OK をクリックする．

操作 2-5　余白の設定（前後左右の余白の設定）

①「余白」タブをクリック（図 2.5(b) 参照）．

②「上」，「下」，「左」，「右」でそれぞれの余白を mm で設定する．

③「とじしろ（G）」で数値を入力すると，「とじしろの位置」が左の場合は左余白のさらに左に，右の場合は右余白のさらに右に余白が設定される．

④印刷の向きを，「縦」，「横」のいずれかをクリックすることで設定する．

⑤OK をクリックする．

操作 2-6　文字数と行数の設定

①「文字数と行数」のタブをクリック（図 2.5(c) 参照）．

②「文字数と行数を指定する」をクリック．

③1 行の文字数と 1 ページの行数を，それぞれ「文字数」，「行数」で入力する．

④OK をクリックする．

⑤文字の大きさを設定する場合は，「フォントの設定」ボタンをクリックする．「フォントの設定」ダイアログボックスが表示される（図 2.5(d) 参照）．「日本語用のフォント」，「スタイル」，「サイズ」，「英数字用のフォント」を設定する．「日本語用のフォント」は日本語のフォントの種類（游明朝，游ゴシックなど）を設定する．「スタイル」は字のスタイル（標準，斜体，太字など）を設定する．「サイズ」は字の大きさを 8 ポイント，9 ポイント，10.5 ポイントな

どのように数値（ポイント数）で設定する.「英数字用のフォント」は英数字用のフォントの種類（Century, Arial Black など）を設定する. なお, ポイントは活字などの大きさを表す単位であり, 1 ポイントは 1/72 インチ, つまり 72 ポイントが 1 インチである.

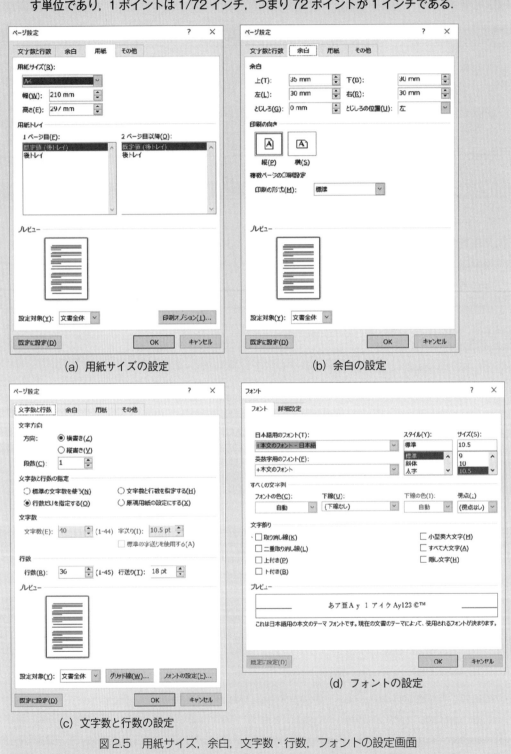

(a) 用紙サイズの設定

(b) 余白の設定

(c) 文字数と行数の設定

(d) フォントの設定

図 2.5　用紙サイズ, 余白, 文字数・行数, フォントの設定画面

2.1.5　編集画面の設定

　Microsoft Office 365 Word では，編集する画面を使用目的によって選択することができ，「下書き」，「Web レイアウト」，「印刷レイアウト」，「アウトライン」，「閲覧モード」のモードがある．これらの画面モードの中で「印刷レイアウト」と「下書き」モードが一般的に使用される．「下書き」は，本文だけを表示し，「アウトライン」は文書の階層構造を表示する．「印刷レイアウト」は印刷する状態で文書を表示し，「Web レイアウト」は Web ブラウザ（インターネット Web ページ）でのイメージで表示する．「閲覧モード」は画面いっぱいに文書を表示するモードである．

- **下書き**：図形，余白といった文字以外の要素は表示されない代わりに，表示スピードは速い．あまりレイアウトやデザインにこだわらない文書やテキスト入力に適している．
- **Web レイアウト**：ホームページを見るブラウザ「Internet Explorer」と同じイメージで表示される．Web 文書を見たい時，Word でホームページを作る時に使う．
- **印刷レイアウト**：印刷した場合と同様に表示される．文字，図形，余白，ヘッダー・フッターなどの文書内の要素がすべて表示される．デザインに凝った文書を作成したい場合に適している．
- **アウトライン**：見出しと本文をレベルに分けて，文書全体構成をわかりやすくした表示モード．長い文章（論文やマニュアルなど）を作成する時に便利である．
- **閲覧モード**：画面いっぱいに文書を表示するモード．パソコンの画面解像度やウィンドウサイズに合わせて表示倍率が変わる．

操作 2-7　印刷レイアウトモード

①リボンの「表示」タブをクリック．
②「印刷レイアウト」をクリックすると，印刷レイアウトの編集画面（図 2.6）が表示される．「印刷レイアウト」は，実際の印刷イメージで編集ができ，一般の文章や図形，グラフなどの編集が可能である．

図 2.6　印刷レイアウトモード

操作 2-8　下書きモード

①リボンの「表示」タブをクリック.

②「文書の表示」グループの「下書き」をクリック.

③下書きモードの編集画面(図2.7)が表示される. 下書きモードは入力,印刷レイアウトモードを簡略化したものであり, 一般的な文章入力のための編集作業は可能であるが, 図形やグラフ, レイアウト枠などの編集作業はできない.

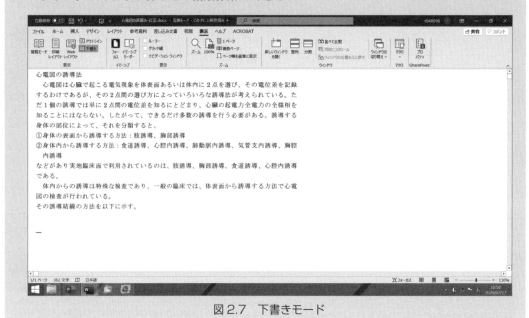

図2.7　下書きモード

2.1.6　日本語入力システム

　日本語の文字を入力するためには, IME(アイ・エム・イー)と呼ばれる日本語入力システムを使う. IME を使うと, キーボードで入力したローマ字のひらがなへの変換, ひらがなの漢字への変換ができる. Windows 10 にも IME が付属しているため日本語入力をすることができるが, Office 365 Word, Excel, PowerPoint などには Microsoft Office IME 2012 というものが搭載されている. 本書では, 日本語を入力するために Microsoft Office IME 2012 システムを使用する.

操作 2-9　Office IME 2012

　Word が起動されると通常言語バーはデスクトップには表示されていない. 通知領域に「A」で表示されている. デスクトップに表示するには以下の操作を行う.

❶第1章の「図1.11　デスクトップ (スタートメニュー)」のA領域の「設定」のショートカットをクリックすると, 図2.8 の (a) が表示される. ②図2.8 の (a) で「時刻と言語」をクリックすると図2.8 の (b) が表示される.

❷図2.8 の (b) で「地域と言語」をクリックすると図2.8 の (c) が表示される.

❸図 2.8 の (c) で「キーボードの詳細設定」をクリックすると図 2.8 の (d) が表示される.
❹図 2.8 の (d) で「使用可能な場合にデスクトップ言語バーを使用する」をクリックし✓を
付けると言語バー がデスクトップに表示される.

(a)

(b)

(c)

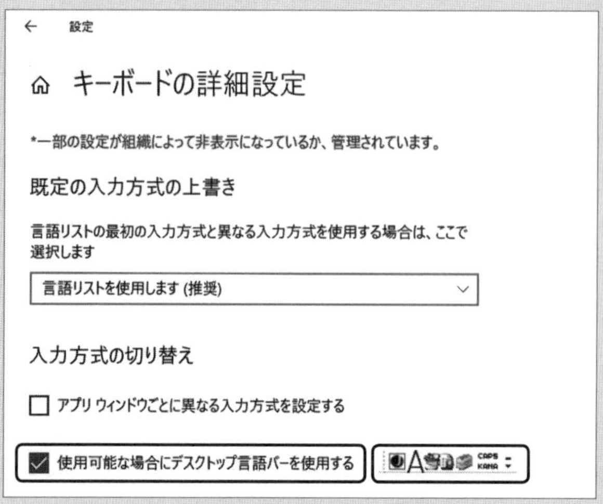

(d)

図 2.8　言語バーの表示方法

言語バーの機能

❶ Word が起動されると自動的に日本語の入力が可能な状態になり，Office IME 2012 システムの機能を集約した言語バー（図 2.9）が表示される．

図 2.9　言語バー

❷言語バーの移動：凹凸のある部分にマウスポインタを合わせてドラッグし，移動したいところにドロップすると言語バーを移動できる．

❸日本語入力システムの切り替え（図 2.9）：この部分をクリックすると日本語の入力システムを選択することができる．図 2.10(a) では，Microsoft Office IME 2012 しか選ぶことができない．

❹入力モード（図 2.10(b)）：ひらがな，カタカナなど文字を入力するときのモードを設定する．

❺ IME パッド（図 2.10(c)）：読みのわからない漢字などを検索して入力する機能として，手書き，文字一覧，総画数，部首，ソフトキーボードなどが利用できる．

❻確定前の文字列を検索（図 2.10(d)）：IME 2012 では，入力した文字を確定する前に [確定前の文字列を検索] ボタンをクリックすると，その文字をインターネットで検索することができる．検索するプロバイダーは [検索プロバイダーを追加] ボタンで登録する．

❼ツール（図 2.10(e)）：IME パッドの操作，単語用例登録，IME の動作環境を設定するプロパティ，辞書ツールが利用できる．

❽CAPS ボタン（図 2.10(f)）：CapsLock キーがロックされ，英字キーの場合は「大文字」入力される.

KANA ボタン（図 2.10(g)）：ローマ字入力から，かな入力モードに切り替わる.

❾最小化ボタン ▬ ：クリックすると言語バーがタスクバーに移動する．元に戻すには「日本語入力システムの切り替え」をクリックすると（図 2.10(i)）が表示されるので「言語バーの表示 (S)」をクリックする.

❿オプション：オプションボタン▼をクリックすると（図 2.10(j)）表示され，言語バーに表示できるオプションが選択できる．使いたいオプションを選択すれば，言語バーに表示させることができ，反対に，言語バーに表示させないようにすることもできる.

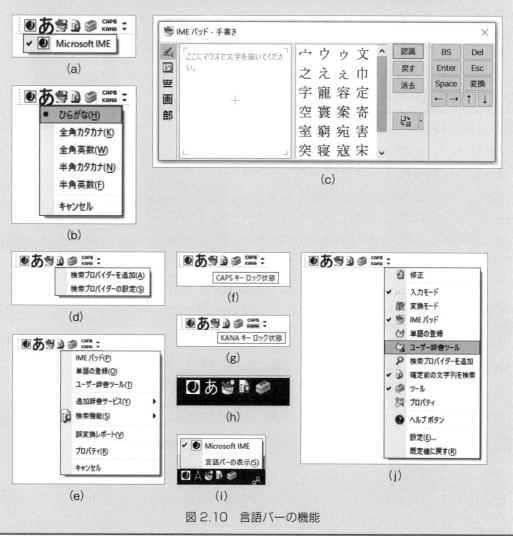

図 2.10　言語バーの機能

操作 2-10　文字の種類の指定

①図 2.10(b) の「入力モード」で「ひらがな」をクリックすると「入力モード」位置が［あ］
となり，全角のひらがなを入力できる．全角とは，ひらがなや漢字が表示される大きさである．

②「全角カタカナ」をクリックすると「入力モード」位置が［カ］となり，全角のカタカナ
が入力できる．

③「全角英数」をクリックすると「入力モード」位置が［Ａ］となり，全角の英数字が入力
できる．

④「半角カタカナ」をクリックすると「入力モード」位置が［ｶ］となり，半角のカタカナが
入力できる．半角とは全角の半分の表示サイズである．

⑤「半角英数」をクリックすると「入力モード」位置が［A］となり，半角の英数字が入力で
きる．

2.1.7　キーボードと指の位置

（1）キーの種類

　コンピュータに情報を入力するのに最も一般的な装置はキーボード（図 2.11）である．キーボード
のキー配列は，機種やコンピュータメーカによって若
干異なる．キーにはアルファベットや数字（テンキー
と呼ばれる），特殊文字などの他にプログラムの操作
に使う特殊なキー（表 2.1 参照）があり，機能キーと
呼ばれる場合がある．

図2.11　キーボード

表 2.1　特殊機能キー

キー	読み	備考
Esc	エスケープキー	作業の中断や元に戻す
半角／全角 漢字	半角／全角（漢字）キー	日本語入力と英数字入力の切り替え
F1 ～ F12	ファンクションキー	アプリケーションによって機能が異なる
Ins	インサートキー	文字入力に使用するキーで，挿入と上書きの切り替え
Print Screen	プリントスクリーンキー	表示している画面を画像として保存
Del	デリートキー	カーソルの後の文字が消去される
Back Space	バックスペースキー	カーソルの前の文字が消去される
Pause Break	ポーズ／ブレークキー	現在使われることはほとんどない．プログラムの動作を停止・中止する
Tab	タブキー	項目・選択肢の移動，Excel の右方向へのセル移動など
Num Lock	ニューメリックロックキー	ロックされている時：テンキーから数字が入力できる ロックされていない時：テンキーの下に表示されている機能が使用できる．

CapsLock 英数	キャプスロック／英数キー	Shift キーを押しながら CapsLock 英数 を押して使用する. ロックされている時：英字が大文字ロックされていない時：英字が小文字	
Scr Lock	スクロールロックキー	アプリケーションによって機能が異なる	
Shift	シフトキー	英字入力時「 Shift キー＋文字キー」で大文字の入力	
Fn	エフエヌキー	他のキーと併用で各種機能を実行できる	
Ctrl	コントロールキー	他のキーと併用で各種機能を実行できる	
⊞	Windows キー	スタートメニューを表示する	Windows98 で使用できる機能
🗏	アプリケーションキー	マウスで右クリックした時と同じ	
Alt	オルトキー	他のキーと併用で各種機能を実行できる	
無変換	無変換キー	漢字変換のときのひらがな，カタカナ変換	
	スペースキー	文字入力時には漢字変換や1文字分の空白をあける	
変換	変換キー	かな漢字変換できる	
カタカナひらがな ローマ字	カタカナひらがな／ローマ字キー	Alt キーと併用で，かな入力／ローマ字入力の切り替え，Shift キーと併用で，カタカナモードになる．このキーだけを押すとひらがなモードに戻る	
Enter	エンターキー	文字の入力を確定する．または文字の改行	
Home	ホームキー	カーソルを行頭に移動させる	
End	エンドキー	カーソルを行末に移動させる	
PgUp	ページアップキー	文字入力時は上へ1つずつカーソル移動する	
PgDn	ページダウンキー	文字入力時は下へ1つずつカーソル移動する	
→ ← ↑ ↓	矢印キー（カーソル移動キー）		

(2) キーの押し方

1つのキーにいくつかの文字，数字，記号が印刷されているキーがあるが，これらのキーは Shift キーや Alt キーなどの機能キーと組み合わせて使用することで文字を入力することができる.

日本語入力モードがオフの時……　CapsLock がオフ：小文字／半角の a
　　　　　　　　　　　　　　　　CapsLock がオン：大文字／半角の A
日本語入力モードがオンの時……　CapsLock がオフ：小文字／全角の a
　　　　　　　　　　　　　　　　CapsLock がオン：大文字／全角の A
日本語入力モードがオンで「Alt」＋「カタカナひらがな ローマ字」を押した後で押すと「ち」が表示される.

日本語入力モードがオンの時，押すと全角の「・」が表示.
日本語入力モードがオンで「Alt」＋「カタカナひらがな ローマ字」を押した後で押すと「め」が表示.
日本語入力モードがオフの時，半角の「/」が表示.
日本語入力モードがオンで「英数」を押した後で押すと全角の「／」が表示.

(3) ホームポジション

　キーボードで正確かつ迅速に文章を入力するためには，正しい操作方法を知る必要がある．入力を始める前には，図2.12で示すように，左手の小指，薬指，中指，人差し指はそれぞれ，A，S，D，Fに置き，右手の人差し指，中指，薬指，小指はそれぞれJ，K，L，;（セミコロン）に置く．親指はSpaceキーに置く．この指の位置をホームポジションという．

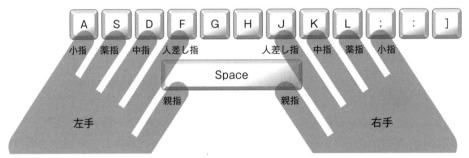

図2.12　ホームポジション

　その他のキーは図2.13で示すように，指をホームポジションから移動させ，定まった指を使用してキーを押す．図2.13で示すように，左手の小指は「1QAZ」，薬指は「2WSX」，…，右手の人差し指は「67YUHJNM」，中指は「8IK，」，…のように押す．Spaceキーは両手親指を用いる．ホームと名前が示すように打ち始めや休止した時など，常にホームポジションに戻れるようにする．このように，キーに定まった指を使い，キーを見ないでも文章を入力できるように練習しよう．キーを見ないで文章入力することを「タッチタイピング」という．ホームポジション，タッチタイピングの習熟のためにA，B，C，…，X，Y，Zを順番に入力する練習を繰り返し行ってみよう．

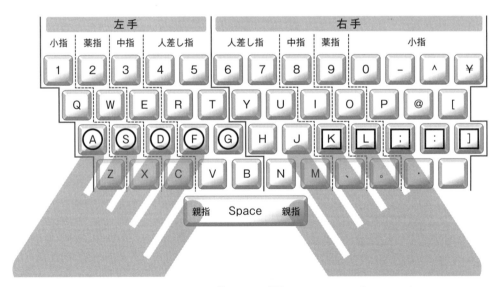

図2.13　キーと指（○は左手，□は右手ホームポジション）

2.2 アルファベットの入力

　半角のアルファベットを入力するには，日本語入力システムをオフにするのが一般的な方法である．日本語入力システムをオフにするには，「半角 / 全角」を押す．

操作 2-11　アルファベットの小文字を入力する

① Ⓣ Ⓞ Ⓚ Ⓨ Ⓞ とキーを押して Enter キーを押す．

> tokyo　→　Enter　→　Tokyo

参考　『tokyo』と入力し Enter キーを押すと，最初の『t』が大文字の『T』に変わる．この機能を「オートコレクト」という．リボンの「ファイル」をクリックし「Wordのオプション」をクリックするとダイアログボックスが表示されるので「文章校正」をクリックすると図 2.14(a) が表示される．この画面で「オートコレクトのオプション」ボタンをクリックすると (b) のオートコレクトダイアログボックスが表示される．この画面で，「オートコレクト」タブをクリックし，「文の先頭文字を大文字にする [the... → The...] (S)」，「入力中に自動修正する (T)」をクリックしてチェックをはずす．

(a)

(b)

図 2.14　オートコレクトのオプション

以上の操作で最初の『t』が大文字の『T』に変わることはなくなる．あるいは，tokyoと入力し [Enter] キーを押したあとで，マウスポインタを『T』の位置にポイントすると，青い下線が表示されるので，下線部分をマウスでポイントし ▼ をクリックすると図2.15のプルダウンが表示される．「オートコレクトのオプション設定（C）」をクリックすると図2.14が表示される．または，「先頭の文字を自動的に大文字にしない」をクリックしてもよい．

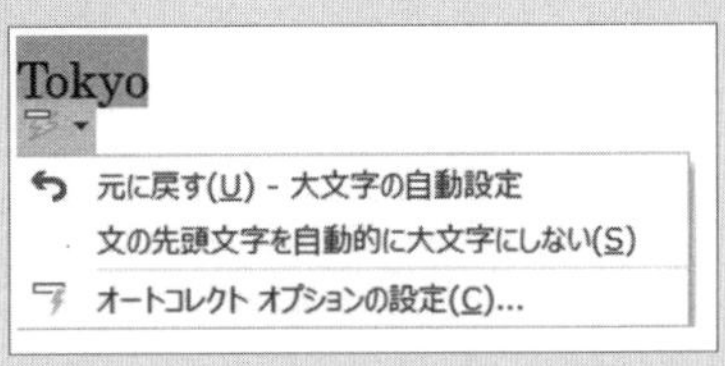

図2.15　オートコレクトの操作

操作 2-12　アルファベットの大文字を入力する

方法 1

① [Shift] ＋ [CapsLock] を押す（[CapsLock] がオンとなる）．ここでは，「先頭の文字を大文字にする」オートコレクト機能は解除しておくとよい．

> [Shift] ＋ [CapsLock] → TOKYO

方法 2

① [CapsLock] がオフになっていることを確認．もし [CapsLock] がオンになっていたら [Shift] ＋ [CapsLock] を押してオフにする．

② [Shift] キーを押しながら入力すると大文字，[Shift] キーを離して入力すると小文字になる．

> My name is Hanako Yamada.
> [Shift] キーを押す

2.3 日本語の入力と漢字変換

　日本語を入力するには2つの方法があり，1つは「ローマ字入力」，もう1つは「かな入力」である．いずれも「ひらがな」を入力し，漢字あるいはカタカナに変換する．ローマ字入力とは，「に」と入力するのに，ローマ字で [N] [I] と入力するものであり，かな入力は，キーに表示してある「ひらがな」そのものを直接入力するものである．一般的にはローマ字入力を用いる．

2.3.1　ローマ字入力，かな入力の設定

操作 2-13　ローマ字入力の設定

①言語バー の「KANA」の文字が青になっていたら「KANA」をクリックして青を消す ．

操作 2-14　かな入力の設定

①言語バー ![言語バー] の右端の「KANA」の文字が青になっていなかったら「KANA」の部分をクリックして「KANA」の文字を青にする ![言語バー].

2.3.2　ローマ字入力でひらがな，カタカナを入力

本書ではローマ字入力を用いる．まず，ローマ字入力でひらがなおよびカタカナの入力を行う．

操作 2-15　ひらがなの入力

①ローマ字入力を設定する．

②言語バーの入力モードの表示は［あ］とする．

③『しんぞう』と入力するには，『SINNZOU』とローマ字で入力する．『SI』と入力すると自動的に『し』に変換される．順次，ローマ字がひらがな

> 『SI』→『し』，『NN』→「ん」，『ZO』→『ぞ』，『U』→『う』

に変換される．次に，『しんぞう』と表示されたら Enter キーを押す．

操作 2-16　カタカナの入力

方法 1

①ローマ字入力を設定する．

②言語バーの入力モードの表示を［あ］とする．

③『シナプス』と入力するには，『SINAPUSU』と入力する．ローマ字が『しなぷす』とひらがなに変換されるので，ファンクションキーの F7 を押すと，『シナプス』とカタカナに変換されるので，Enter キーを押す．

> 『しなぷす』→ F7 →『シナプス』→ Enter

方法 2

①言語バーの「入力モード」をクリックし「全角カタカナ（K）」をクリックする．入力モードの表示が［カ］となる．

②『SINAPUSU』と入力すると，『シナプス』となるので，Enter キーを押す．

2.3.3　ファンクションキーを使った入力

ファンクションキーの F6 ～ F10 を使って，入力したひらがなをアルファベットやカタカナなどに変換できる．

操作 2-17　F6 の機能：ひらがな変換

『シナプス』，『sinapusu』などをひらがなの『しなぷす』に変換する.

①操作 2-16 の **方法2** の「カタカナの入力」で『シナプス』と入力.

② F6 を押すと『しなぷす』となる.

操作 2-18　F7 の機能：カタカナ変換

『しなぷす』，『sinapusu』などをカタカナの『シナプス』に変換する.

①操作 2-16「カタカナの入力」の **方法1** 参照.

操作 2-19　F8 の機能：半角カタカナ変換

　ひらがなの『しなぷす』を半角のカタカナ『ｼﾅﾌﾟｽ』に変換する. また，全角英数『ｓｉｎａｐｕｓｕ』を半角英数の『sinapusu』に変換する. 全角数字の『１２３』は半角の『123』となる.

①ひらがなで『しなぷす』と入力.

② F8 キーを押すと半角カタカナの『ｼﾅﾌﾟｽ』に変換される.

操作 2-20　F9 の機能：全角英数変換

　ひらがな, カタカナをローマ字（アルファベット）の全角英字に変換する. 例えば『しなぷす』をローマ字（アルファベット）の『ｓｉｎａｐｕｓｕ』に変換する.

①ひらがなで『しなぷす』と入力.

② F9 キーを押すと全角アルファベットの『ｓｉｎａｐｕｓｕ』に変換される.

③もう一度 F9 キーを押す（2 回 F9 キーを押す）と，全角大文字のアルファベット『ＳＩＮＡＰＵＳＵ』に変換される.

④さらにもう 1 回 F9 キーを押す（3 回 F9 キーを押す）と，先頭の 1 文字が大文字『Ｓｉｎａｐｕｓｕ』に変換される.

操作 2-21　F10 の機能：半角英数変換

　ひらがな, カタカナをローマ字（アルファベット）の半角英字に変換する. 例えば『しなぷす』をローマ字（アルファベット）の『sinapusu』に変換する.

①ひらがなで『しなぷす』と入力.

② F10 キーを押すと半角小文字のアルファベット『sinapusu』に変換される.

③2 回押すと半角大文字のアルファベット『SINAPUSU』に変換される.

④3 回押すと先頭が大文字の半角アルファベット『Sinapusu』に変換される.

2.3.4 入力中の文字の修正

入力中の文字を漢字に変換する前に修正を行うには，矢印キー □ □ を使ってカーソルを移動し文字を削除・挿入などの修正を行うことができる.

操作 2-22 入力中の文字の削除

方法1 [Delete] **キーを使用する**

① 『もじのをしゅうせいする』と入力したが，左から3番目の『の』を誤って入力したので削除する.

② カーソル │ を □ キーを使って『の』の前に移動する.

> もじ|のをしゅうせいする

③ [Delete] キーを押すと「の」が削除される.

方法2 [BackSpace] **キーを使用する**

① 『もじのをしゅうせいする』と入力したが，左から3番目の『の』を誤って入力したので削除する.

② カーソル │ を □ キーを使って『の』の後に移動する.

> もじの|をしゅうせいする

③ [BackSpace] キーを押すと『の』が削除される.

操作 2-23 入力中の文に文字を挿入

① 『もじしゅうせいする』と入力したが，左から2番目の『じ』と3番目の『し』の間に『を』を挿入する.

② カーソル │ を □ キーを使って『し』の前に移動する.

> もじ|しゅうせいする

③ 『を』を入力する.

操作 2-24 入力した文章を取り消す

① 『もじしゅうせいする』と入力したが，全文を取り消す.

② [Esc] キーを押すと入力した文章が消去される.

> もじしゅうせいする　→　[Esc]　→

2.3.5　漢字変換

前節で入力したひらがなを漢字に変換する.

操作 2-25　漢字に変換する

①言語バーの入力モードの表示は [あ] とする.

②ローマ字入力でひらがなを入力し Space キーを押す.

③表示された漢字でよい場合は Enter キーを押す. Enter キーを押すと漢字変換が確定する. ひらがなを入力し Space キーを押して漢字変換した結果を Enter キーで決定することを確定という.

『あめ』　→　Space　→　『雨』　→　Enter

④『あめ』は『雨』の他に『飴』,『天』,『編め』などがあり, Space キーをもう 1 回押すと, これらの漢字候補の一覧(右図)が表示される. Space キーあるいは ↓ キーを押していくと, 下の候補に移動する. 候補一覧の上段への移動は ↑ キーを用いる. 確定は Enter キーで行う.

操作 2-26　連文節変換

複数の文節を含む文章を変換するには正しく変換されない場合があるが, 矢印キーを使って正しく変換できる.

①『夏期の牡蠣』と入力したい.

②『かきのかき』と入力し Space キーを押すと, 『夏期の夏期』(図 2.16(a)) に変換される.

③→ キーを押し, Space キーを押す. 後の「かき」の漢字候補 (図 2.16(b)) が表示されるので「牡蠣」を選択して, Enter キーを押すと, 『夏期の牡蠣』となる.

> 参考　図 2.16(a) のように候補漢字の右にマークが表示されている場合, このマークにカーソルが移動すると, 漢字の意味がダイアログボックスに表示される.

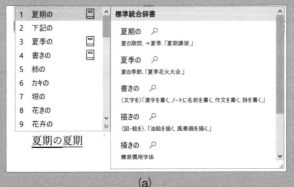

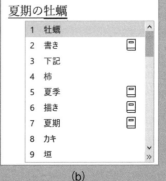

(a)　　　　　　　　　　　　(b)

図 2.16　漢字変換例

　文節の区切りを指定して漢字変換を行う方法がある．『あしたはいしゃにいく』は『明日は医者に行く』という意味と『明日歯医者に行く』という意味がある．文節の区切りを修正するには，[Shift] + □ や [Shift] + □ キーを使用する．

操作 2-27　文節区切りの修正

① 『明日は医者に行く』と入力したい．
② 『あしたはいしゃにいく』と入力し，[Space] キーを押すと，『 明日歯医者に 行く 』と変換される．ここで太いアンダーラインになっている部分「明日」が変換の対象になっている文節である．
③ 「明日」で文節が区切られているので，「あしたは」に変更する．[Shift] + □ キーを押すと『 あしたは 医者に行く 』となるので，[Shift] + □ を押して『 あしたは いしゃに行く 』にする．文節が「あしたは」になっている．
④ [Space] キーを押すと，『 明日は 医者に行く 』になるので，[Enter] キーを押す．
⑤ 目的とする変換『明日は医者に行く』となる．

参考 Office IME 2012 の新機能として予測入力がある．過去に入力した文字列と同じ文字列を数文字タイプすると自動的に予測候補が表示される．文字を入力すると右図のように過去に入力して文章が表示される．[Tab] キーや □ □ キーを押し該当キーをクリックして [Enter] キーを押す．

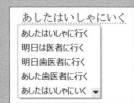

2.3.6　IME パッドの利用

　IME 2012 システムでは読みのわからない漢字を，マウスを使用して文字を描き（手書き文字），その手書き文字に基づいて検索することができる．また，記号や特殊文字などは「文字一覧」で入力できる．

（a）IME パッド文字一覧」ダイアログボックス

(b)「IME パッドー手書き」ダイアログボックス

図 2.17　IME パッドの利用

操作 2-28　手書き文字による漢字検索

①言語バーの「IME パッド」をクリックすると図 2.17(a) で示す「IME パッド文字一覧」ダイアログボックスが表示される.

②左サイド上に表示されている「手書き」ボタン をクリックすると, 図 2.17(b) の「IME パッド ー 手書き」ダイアログボックスが表示される. この画面で, 左サイドのボックスで読みのわからない文字をマウスで描く. 図 2.17(b) の例では『棘』という漢字を描いている.

③描かれた図を IME 2012 が認識して, その候補群を中央のボックスに表示する.

④目的の文字をクリックすると Word 画面に入力される.

操作 2-29　文字一覧による入力

①言語バーの「IME パッド」をクリックし,「文字一覧」ボタン をクリックする.

②「文字カテゴリ」から検索したい文字のコードをクリックする.

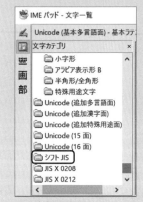

（a) 文字カテゴリ

（b) 単位記号が表示された「文字一覧」

図 2.18　文字カテゴリと単位記号が表示された「文字一覧」

③「文字カテゴリ」の右サイドに文字群が表示される（図 2.18(b)）ので, 目的の文字をクリックすると Word 画面に入力される.

2.4 文字, 文章の編集

　前節では日本語の入力と漢字変換について学習したが, 本節では入力・変換された文章の加工・編集について学ぶ.

2.4.1 文字の挿入・削除・上書き

操作 2-30 文字の挿入

例文『心電図の測定を理解する』の『心電図の測定』の後に『方法』を挿入する.

① 『しんでんずのそくていをりかいする』と入力し，Space キーを押すと，漢字変換され て『心電図の測定を理解する 』となるので，Enter キーを押し確定する.

② ← キーを使ってカーソルを『定』と『を』の間に移動する.『心電図の測定を理解する 』 となる.

③ 『心電図の測定ほうほうを理解する 』のように，『ほうほう』と入力し Space キーを押 すと，『心電図の測定方法を理解する』のように『ほうほう』が漢字に変換されるので， Enter キーを押す.

操作 2-31 文字の削除

例文『心電図の測定方法を十分に理解する』の『十分に』を削除する. 文字の削除は Delete キーか BackSpace キーを使用する.

方法 1 Delete キーを使用する

① ← キーを使ってカーソルを『を』と『十』の間に移動する.

心電図の測定方法を｜十分に理解する

② Delete キーを 3 回押すと『十分に』が削除される.

方法 2 BackSpace キーを使用する

① ← キーを使ってカーソルを『に』と『理』の間に移動する.

心電図の測定方法を十分に｜理解する

② BackSpace キーを 3 回押すと『十分に』が削除される.

操作 2-32 文字の上書き

タスクバーを右クリックすると図 2.19 で示すようなメ ニューが表示されるので「上書きモード」をクリックする.

ステータスバーに「挿入モード」と表示されている場 合は，字間に文字が挿入され，「上書きモード」と表示さ れている場合は上書きされる.

図2.19 挿入，上書きモードの表示

① 例文（半角英字）『I live in Tokyo.』の『Tokyo』を『Kyoto』に上書きする.

② 図 2.10(b) で「半角 / 全角」キーを押し，入力モードを「半角英数」にする.

③『I live in Tokyo.』と入力する.

④ ステータスバーの表示が「挿入モード」になっている場合，マウスで「挿入モード」をクリックして「上書きモード」にする．あるいは Insert キーを押してもよい．「上書きモード」を「挿入モード」にする場合は，Insert キーを押すか，ステータスバーの「上書きモード」をクリックすればよい.

⑤ 矢印キー → を押すか，あるいはマウスを用いて，カーソルを『Tokyo』の『T』の前に移動し，『Kyoto』と入力する.

全角文字の場合も同様で，「上書きモード」にして，上書きしたい文章の一番前の文字の前をクリックして，文章を入力すると上書きされる.

 上書きは次のように行うこともできる．例として『心電図の測定方法を理解する』の『心電図』を『筋電図』に上書きして変更する.

① 『心電図の測定方法を理解する』と入力する.

② マウスの左ボタンを押しながら『心電図』の範囲でカーソルを移動する．この操作を「ドラッグ」という．ドラッグするとドラッグされた文字の背景が『心電図の測定方法を理解する』のように塗りつぶされる.

③ そのままの状態で『きんでんず』と入力し Space キーを押し『筋電図』に変換後，Enter キーを押す.

④ 『心電図』が上書きされて『筋電図』に変更される.

2.4.2　文章や文字の選択

　次節以降で説明する文章や文字の移動，複写などを行うためには，その移動や複写を行う文章・文字の範囲を選択しなければならない．選択は主にドラッグによって行うが，その他の方法もある.

　例文を入力する前に以下の操作でページ設定を行う．1 行の文字数は 40 文字，1 ページの行数は 30 行とする.

操作 2-33　例文入力のためのページ設定

① 「リボン」の「ページレイアウト」タブをクリックし「ページ設定」のダイアログボックス起動ツールをクリックする.

② 「ページ設定」ダイアログボックスの「文字数と行数」タブをクリックする（図 2.20）.

③ 「文字数と行数の設定」の項目「文字数と行数を指定する」をクリックする.

④ 「文字数」で文字数を 40，「行数」で行数を 30 とする.

例　文

　収縮とは，筋に活動電位が 1 回発生し，その約 2 ミリ秒後に筋が 1 回だけ収縮し，直ちに弛緩することをいう。単収縮が起こる条件としては，①刺激が閾値を超えること，②収縮が重合しないこと，の 2 つが挙げられる。

　静止電位が脱分極により一定の値（およそ－56mV）に達すると，膜のナトリウムイオンに対する透過性が急激に高まり，脱分極はますます進行して膜電位は逆転する（＋20～30mV）。この時の電位変化を活動電位という。つまり，閾値は興奮を起こさせるのに必要な最小の刺激の強さである。

　血糖調節において最も重要な作用を有するインスリンの作用を理解する目的で，インスリンを皮下投与し，血糖値の変化を調べる。

図 2.20　　1 行の文字数と 1 ページの行数指定ダイアログボックス

操作 2-34　ドラッグして選択

①選択する範囲の先頭にカーソルを移動する（図 2.21 参照）．

②選択する範囲の最後までドラッグする（図 2.21 参照）．

> 　収縮とは，筋に活動電位が 1 回発生し，その約 2 ミリ秒後に筋が 1 回だけ収縮し，直ちに弛緩することをいう。単収縮が起こる条件としては、①刺激が閾値を超えること、②収縮が重合しないこと、の 2 つが挙げられる。
> 　静止電位が脱分極により一定の値（およそ－56mV）に達すると、膜のナトリウムイオンに対する透過性が急激に高まり、脱分極はますます進行して膜電位は逆転する（＋20～30mV）。この時の電位変化を活動電位という。つまり、閾値は興奮を起こさせるのに必要な最小の刺激の強さである。

図 2.21　ドラッグによる選択画面

操作 2-35　Shift キーを使用して選択

①選択する範囲の先頭をクリックすると「操作 2-34」と同様な結果となる．

②選択する範囲の最後で [Shift] キーを押しながらクリックする（図 2.21 参照）．

操作 2-36　単語の選択

①単語の間（『収縮』の『収』と『縮』の間）をダブルクリックすると，単語（収縮）が選択（ 収縮 ）される.

操作 2-37　文を選択する

①選択したい文の範囲内で [Ctrl] キーを押しながらクリックする.
②文が選択される（図 2.22 参照）.

> 収縮とは，筋に活動電位が１回発生し，その約２ミリ秒後に筋が１回だけ収縮し，直ちに弛緩することをいう。単収縮が起こる条件としては、①刺激が閾値を超えること、②収縮が重合しないこと、の２つが挙げられる。
>
> 　静止電位が脱分極により一定の値（およそー５６ｍＶ）に達すると、膜のナトリウム

図 2.22　文の選択画面図

操作 2-38　行を選択する

①選択したい行の左余白にマウスポインタを合わせてクリックする.
②その行のみ選択される（図 2.23 参照）.

> 収縮とは，筋に活動電位が１回発生し，その約２ミリ秒後に筋が１回だけ収縮し，直ちに弛緩することをいう。単収縮が起こる条件としては、①刺激が閾値を超えること、②収縮が重合しないこと、の２つが挙げられる。

図 2.23　行の選択画面図

操作 2-39　複数行の選択

①選択したい複数行の最初の行の左余白にマウスポインタを合わせてクリックする.
②選択したい行余白をドラッグする（図 2.24 参照）.

> 　収縮とは，筋に活動電位が１回発生し，その約２ミリ秒後に筋が１回だけ収縮し，直ちに弛緩することをいう。単収縮が起こる条件としては、①刺激が閾値を超えること、②収縮が重合しないこと、の２つが挙げられる。

図 2.24　複数行の選択画面

操作 2-40　段落の選択

①選択したい段落の左余白部分をダブルクリックする（図 2.25 参照）. 段落とは, Word では, 段落記号（↵）の直後（もしくは文書の先頭）から次の段落記号までの間が１つの段落である.

収縮とは，筋に活動電位が1回発生し，その約2ミリ秒後に筋が1回だけ収縮し、直ちに弛緩することをいう。単収縮が起こる条件としては、①刺激が閾値を超えること、②収縮が重合しないこと、の2つが挙げられる。

静止電位が脱分極により一定の値（およそ−56mV）に達すると、膜のナトリゥム

図2.25　段落の選択画面

操作 2-41　文書全体の選択

①左余白部分をトリプルクリックすると文章全体が選択される（図2.26参照）．ただし，文章の単語の間をトリプルクリックすると，段落が選択される．

収縮とは，筋に活動電位が1回発生し，その約2ミリ秒後に筋が1回だけ収縮し、直ちに弛緩することをいう。単収縮が起こる条件としては、①刺激が閾値を超えること、②収縮が重合しないこと、の2つが挙げられる。

静止電位が脱分極により一定の値（およそ−56mV）に達すると、膜のナトリゥムイオンに対する透過性が急激に高まり、脱分極はますます進行して膜電位は逆転する（＋20〜30mV）。この時の電位変化を活動電位という。つまり、閾値は興奮を起こさせるのに必要な最小の刺激の強さである。

図2.26　文書全体の選択画面

操作 2-42　カーソルの位置から行の最後までの選択

①カーソルの位置が行の途中にある場合，[Shift] + [End] キーを押すと，そこから行の最後まで選択される（図2.27参照）．

収縮とは，筋に活動電位が1回発生し，その約2ミリ秒後に筋が1回だけ収縮し、直ちに弛緩することをいう。単収縮が起こる条件としては、①刺激が閾値を超えること、②収縮が重合しないこと、の2つが挙げられる。

図2.27　カーソルの位置から行の最後までの選択画面

操作 2-43　カーソルの位置から行の最初までの選択

①カーソルの位置が行の途中にある場合，[Shift] + [Home] キーを押すと，そこから行の最初まで選択される（図2.28参照）．

収縮とは，筋に活動電位が1回発生し，その約2ミリ秒後に筋が1回だけ収縮し、直ちに弛緩することをいう。単収縮が起こる条件としては、①刺激が閾値を超えること、②収縮が重合しないこと、の2つが挙げられる。

図2.28　カーソルの位置から行の最初までの選択画面

操作 2-44　ブロックの選択

カーソルが置かれた位置からドラッグした範囲がブロックとして選択される.

①選択範囲の先頭にカーソルを移動する.

②選択したい範囲の最後まで，[Alt] キーを押しながらドラッグする（図 2.29 参照）.

参考　文章や文字を選択し [Delete] キーを押すと選択した範囲が消去される.

> 収縮とは，筋に活動電位が1回発生し，その約2ミリ秒後に筋が1回だけ収縮し，直ちに弛緩することをいう。単収縮が起こる条件としては，①刺激が閾値を超えること、②収縮が重合しないこと、の2つが挙げられる。
> 　静止電位が脱分極により一定の値（およそ−56mV）に達すると、膜のナトリゥムイオンに対する透過性が急激に高まり、脱分極はますます進行して膜電位は逆転する（＋20〜30mV）。この時の電位変化を活動電位という。つまり、閾値は興奮を起こさせる

図 2.29　ブロックの選択画面

2.4.3　文章や文字の移動・複写

　前節で説明した文章や文字の選択操作を利用して，文章や文字列を目的とする位置に移動したり複写をしたりすることが可能である. その前に, 次の文章を入力してみよう. 1 行は 40 文字, 1 ページは 30 行とする.

> **例　文**
> 　ある時点での血糖値は，これらの血液に入っているブドウ糖の量と血液から出ていく量とのバランスできまるといえる。バランスは，食物摂取量，筋や脂肪組織その他の器官の細胞が血液からブドウ糖を取る速度，および肝臓の恒糖器としての活動状態によって調節される。

操作 2-45　文字や文章の移動

文章や文字列を目的とする位置へ移動する.

> インスリンの負荷時の血糖値変化　→　インスリンの血糖値変化負荷時の

のように『負荷時の』を消去して矢印のところへ移動する.

方法1 リボンの「ホーム」タブの「切り取り」ボタン ✂ , 「貼り付け」ボタン を利用する

例 以下の文章に「これらの」を「バランス」の前に移動する.

> ・・・血糖値は，これらの血液に入っている・・・
> ・・・いえる．バランスは，食物摂取量，・・・・

①移動する単語や文字列を選択する. 「これらを」をドラッグする.

> ・・・血糖値は，これらの血液に入っている・・・
> ・・・いえる．バランスは，食物摂取量，・・・・

②「ホーム」タブの「切り取りボタン」✂ をクリックすると選択されている文字列『これらの』が消去される.

③移動先にカーソルを移動（クリックするか矢印キーを使用）し,「貼り付け」ボタン 📋 をクリックする.

> ・・・血糖値は, 血液に入っている・・・
>
> ・・・いえる. これらのバランスは, 食物摂取量, ・・・・

方法2 ドラッグ＆ドロップを利用する

①選択した範囲にマウスポインタを合わせると形状が I から ↖ に変わる（図2.45参照）.

②選択した範囲でマウスの左ボタンを押すと, マウスポインタの形状が 🔲 になる. この状態で, 移動先までドラッグし, ドロップする.

操作 2-46 文字や文章の複写（コピー）

複写（コピー）とは, 文章や文字列をそのまま残し目的とする位置へ移動する.

> インスリンの負荷時の血糖値変化　→　インスリンの負荷時の血糖値変化負荷時の

のように『負荷時の』を残したまま矢印のところへ複製する.

方法1 リボンの「ホーム」タブの「コピー」ボタン 📋, 「貼り付け」ボタン 📋 を利用する.

①コピーする単語や文字列を選択し, リボンの「ホーム」タブの「コピー」ボタン 📋 をクリックする.

　「これらの」を「バランス」の前にコピーする.

> ・・・血糖値は, これらの血液に入っている・・・
>
> ・・・いえる. バランスは, 食物摂取量, ・・・・

②コピー先にカーソルを移動（クリックするか矢印キーを使用）し,「貼り付け」ボタン 📋 をクリックする.

> ・・・血糖値は, これらの血液に入っている・・・
>
> ・・・いえる. これらのバランスは, 食物摂取量, ・・・・

方法2 ドラッグ＆ドロップを利用する

①操作 2-45 の 方法2 と同様にドラッグする.

②ドロップする時に Ctrl キーを押す. 他の操作は移動と同じ. Ctrl キーを押すとマウスポインタは 🔲 となる.

2.4.4　操作を元に戻す / やり直し

実行した操作を元の状態に戻したり，元に戻した操作をまたもう 1 回戻したりすることを，クイックアクセスツールバーの ↩・↪ ボタンを使って行うことができる.

操作 2-47　元に戻す

①文章の一部（『これらのバランスは，』）をドラッグし，[Delete] キーを押すと，ドラッグした部分が消去される.

> える.｜これらのバランスは，｜食物摂取量，　→　える. 食物摂取量，筋や脂肪組織

②クイックアクセスツールバーの「元に戻す」ボタン ↩ をクリックすると直前に行われた操作 [Delete] を元に戻すことができる.

> える. 食物摂取量，筋や脂肪組織，　→　える.｜これらのバランスは，｜食物摂取量

操作 2-48　やり直し

①文章を消去し「元に戻す」機能で元の状態に戻した後で，ツールバーの「やり直し」ボタン（↪）をクリックすると，元の状態に戻す前の状態（「これらのバランスは，」を消去した状態）に戻る.

> える.｜これらのバランスは，｜食物摂取量，　→　える. 食物摂取量，筋や脂肪組織

操作 2-49　操作の繰り返し

①文字「心電図」を入力しツールバーの「繰り返し」ボタン ↻ をクリックすると，直前の操作（入力）が再度実行される. ここでは 『心電図』→『心電図心電図』となる.

2.5 文書の保存と保存文書を開く

作成した文書は，Word を終了する前に外部記憶装置（USB メモリ，CD-R，CD-RW）に保存する必要がある.

2.5.1　文書の保存

操作 2-50　名前を付けて保存

一度も保存を行っていない文書を保存するときは「名前を付けて保存」の操作を行う. ここでは，USB メモリに保存する方法を説明する.

① USB メモリをパソコンの USB コネクタ(図 2.30 参照) に差し込む.

② 文書を作成した後, リボンの「ファイル」を クリックし, 表示された図 2.31(a) の画面 で「名前を付けて保存」,「参照」を順次クリッ クする.

③「名前を付けて保存」のダイアログボック ス (図 2.31(b)) が表示される.

④「ファイルの種類 (T)」の ∨ をクリックし保 存するファイルの種類を設定 (図 2.31(b))

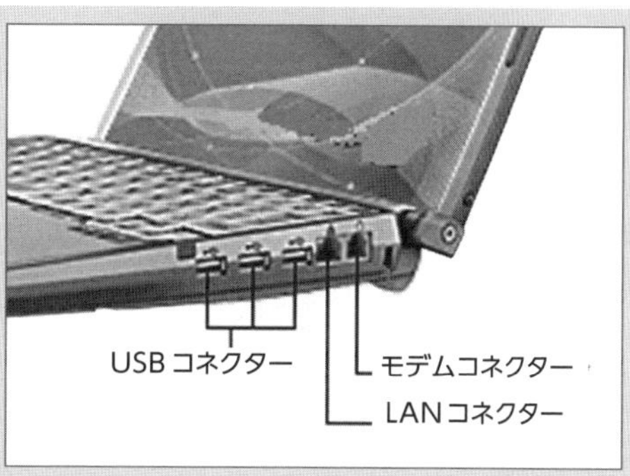

図 2.30　ノートタイプパソコンの側面図

する. Office 365 Word の文書で保存する場合は「Word 文書 (＊.docx)」をクリックする. Word 97 ～ Word 2003 の文書で保存する場合は「Word 文書 (＊.doc)」をクリックする.

図 2.31　ファイルの新規保存

操作 2-51　上書き保存

すでに文書が保存されている状態で, 同じフォルダー, 同じ名前で保存したい場合は「上書 き保存」機能を使う.

① リボン「ファイル」をクリックし, 表示された画面の「上書き保存」をクリックする.

2.5.2　文書を開く / 閉じる

すでに外部記憶装置 (USB メモリ, CD-R, CD-RW など) に保存されている Word 文書を内容 の追加や修正のため画面に呼び出して表示することを「開く」という.

操作 2-52　文書を開く

①リボンの「ファイル」をクリックし，表示された画面（図2.32）の「開く」,「参照」を順次クリックする．

②「ファイルを開く」のダイアログボックス（図2.32）が表示されるので，画面左「リムーバブルディスク（F:）」をクリックする．画面右サイドに「リムーバブルディスク（F:）」の内容（ドライブやフォルダー）が表示されるので，編集したいファイルをクリックする．フォルダーの中にファイルがある場合はさらにフォルダーをクリックしファイルを表示させる．ファイルをクリックし，「開く」ボタンをクリックする．

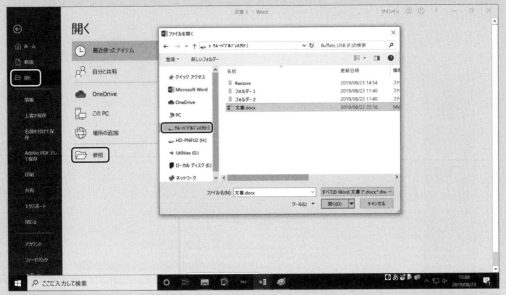

図2.32　文書（ファイル）を開く

③エクスプローラを利用してファイルを開くことができる．図1．11　デスクトップ（スタートメニュー）の「スタートボタン」のエクスプローラボタン　をクリックすると図2.33(a)のドライブの画面が表示される．または，図1.11のBエリアのエクスプローラアイコンをクリックしてもよい．あるいは，「図1.6　Windows10のデスクトップ」画面にエクスプローラアイコン　が表示されている場合，それをダブルクリックしてもよい．図2.33(a)で開きたいファイルが記録されているフォルダー（ここではドキュメント）をクリックするとフォルダー（ドキュメント）の内容が表示される（図2.33(b)）のでファイルをダブルクリックするとWordが起動されその内容が表示される．

(a)

(b)

図 2.33 文書(ファイル)を開く(エクスプローラアイコン,ボタンの操作)

操作 2-53 新規文書の作成

新規文書の作成は「2.1 Wordの基本操作」,「2.1.1 起動」,「2.1.2 Wordの画面」を参照.

操作 2-54 文書を閉じる

文書作成操作を終了する場合,作成・編集中の文書は必ず「名前を付けて保存」か「上書き保存」を行う必要がある.これらの操作を行わずに Word を終了すると編集中の文書は失われる.

Word の終了および文書を閉じる操作は,「2.1.3 終了」の「操作 2-2 Office 365 Word の終了」を参照.

2.6 文書の印刷

　文書を印刷する場合は印刷の確認画面で，印刷イメージを画面上に表示し確認を行ってから印刷する機能がある．この機能をプレビューという．

操作 2-55　印刷

①リボンの「ファイル」をクリックすると表示される図 2.34 の画面で「印刷」をクリックする．

②図 2.34 の画面で示すように，印刷の設定と印刷プレビュー画面が表示される．

③表示画面の倍率を変えるにはリボンの「ズームスライダ」を用いる．

④「印刷部数」，「印刷範囲」などを設定し，「印刷」ボタンをクリックすると印刷が開始される．ここで，「部数単位で印刷」の▼をクリックすることで部数単位かページ単位で印刷するか選択できる．

⑤印刷設定の詳細を「プリンターのプロパティ」をクリックすると表示される「プリンターのプロパティ」（図 2.34 参照）で設定できる．ただし，設定内容はプリンターによって異なる．

⑥印刷ボタン をクリックすると印刷が実行される．

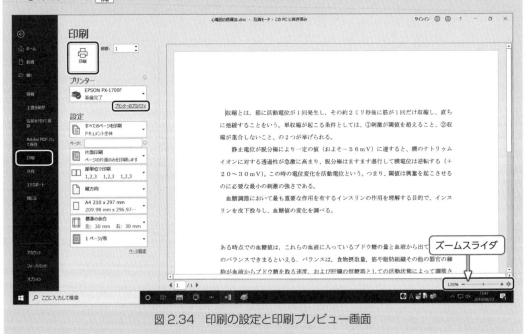

図 2.34　印刷の設定と印刷プレビュー画面

2.7 文字や文章の加工・調整

　Wordでは画面上で文字のサイズ，フォントなどを自由に変更でき，また文字を強調したり，斜体にしたりすることも可能である

2.7.1　文字のサイズやフォントの変更

操作 2-56　フォント，フォントサイズの変更

（1）フォントの変更

①フォントを変更したい文字列を選択すると図2.35(a) の「フォント操作ウィンドウ」が表示されるのでボックスの「フォント」 游明朝 (本文のフォ▼ ▼ をクリックする．

②「図2.34(b) フォントの変更」メニューが表示されるので，設定したいフォントをクリックする．

③リボンの「ホーム」のタブで「フォント」グループのフォントボタン 游明朝 (本文のフォ▼ をクリックしてもフォントの変更を行うことができる．

（2）フォントサイズの変更

①フォントサイズを変更したい文字列を選択すると「図2.35(a)　フォント操作ウィンドウ」が表示されるのでボックスの「フォントサイズ」 10.5 ▼ ▼ をクリックする．

②「図2.35(c) フォントサイズの変更」メニューが表示されるので，設定したいフォントサイズをクリックする．

③リボンの「ホーム」のタブで「フォント」グループのフォントサイズボタン 10.5 ▼ をクリックしてもフォントサイズの変更を行うことができる．

（a）フォント操作ウィンドウ

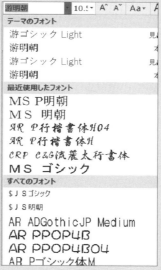

（b）フォントの変更

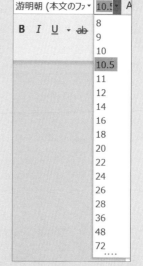

（c）フォントサイズの変更

図2.35　フォントとサイズの変更

フォント，フォントサイズの変更の他に，「リボン」の「フォント」グループを使って以下の書体の変更を行うことができる．

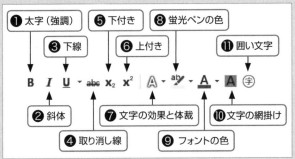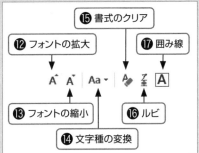

❶太字（強調）：文字列を選択しこれをクリックすると文字が太字になる ……………… **強調**

❷斜体：文字列を選択しこれをクリックすると文字が斜体になる……………………… *斜体*

❸下線：文字列を選択しこれをクリックすると下線が付く…………………………… 下線

参考
「下線」ボタンの矢印（▼）をクリックすると「下線」の種類を設定するプルダウンメニュー（図 2.36）が表示されるので，設定したい下線をクリックすると該当下線が設定される．また，「下線」の種類を設定するプルダウンメニュー（図 2.36）で「下線の色」項目をクリックすると「下線」のプルダウンメニュー右下に図 2.37 で示す下線の色の設定プルダウンメニューが表示されるので下線の色を設定できる．

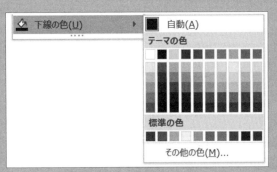

図 2.36　下線の種類設定メニュー　　　　図 2.37　下線の色設定メニュー

❹取り消し線：文字列を選択しこれをクリックすると取り消しが付く………… 取り消し線

❺下付き：文字列を選択しこれをクリックすると下付き文字となる…………………… O_2

❻上付き：文字列を選択しこれをクリックすると上付き文字となる…………………… Na^+

❼文字の効果と体裁：影や光などの文字の効果を適用して，文字が引き立つようにする

……………………………………………………………………………………… 速度

❽蛍光ペンの色：文字列を選択しこれをクリックすると蛍光色となる……………　蛍光ペン

参考　「蛍光ペンの色」ボタンの矢印（▼）をクリックすると「蛍光
ペンの色」の種類を設定するプルダウンメニュー（図2.38）
が表示されるので，文字の背景が設定したい色になる．「色なし」
をクリックすると蛍光ペンが解除される．

図 2.38　蛍光ペンの色
設定メニュー

❾フォントの色：文字列を選択しこれをクリックするとボタンに表示されている色になる

……………………………………………………………………………… 赤 → 赤

参考　「フォントの色」ボタンの矢印（▼）をクリックするとフォントの色を設定するプル
ダウンメニュー（図2.39(a)）が表示されるので，設定したい色をクリックするとフォ
ントの色で指定した色に変わる．また，図2.39(a) で「その他の色」ボタンをクリック
すると図2.39(b) あるいは (c) のダイアログボックスが表示されるので，設定したい色を
クリックし「ＯＫ」ボタンをクリックすると指定した色に変わる．

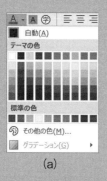
(a)

(b)

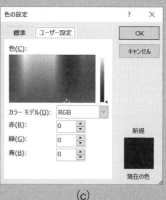
(c)

図 2.39　フォント色の設定画面

❿文字の網掛け：文字列を選択しこれをクリックすると網掛けされる………………　網掛け
⓫囲い文字：文字列を選択しこれをクリックすると囲い文字となる………………………… ㊞
⓬フォントの拡大：文字列を選択しこれをクリックすると文字が拡大する
⓭フォントの縮小：文字列を選択しこれをクリックすると文字が縮小する
⓮文字種の変換：全角・半角変換，ひらがな・カタカナ変換などを行う……… 12 → １２
⓯書式のクリア：文字列を選択しこれをクリックすると設定した書式がクリアされる
⓰ルビ：文字列を選択しこれをクリックするとルビがふられる…………………… 閾値
^{いきち}

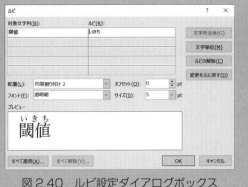

参考　「ルビ」ボタンの矢印（▼）をクリックすると「ルビ」を設定するダイアログボックス（図2.40）が表示されるので、「ルビ」のボックスに正しいルビを入力して「ＯＫ」ボタンをクリックする。ダイアログボックスで「ルビ」のボックスに入力した「ルビ」は「プレビュー」で事前に検証することができる。

図2.40　ルビ設定ダイアログボックス

❶囲み線：文字列を選択しこれをクリックすると文字が四角で囲まれる…………　囲み線

操作 2-57　段落の配置と均等割り付け

「リボン」の「段落」グループを使って図2.41の書体の変更を行うことができる。

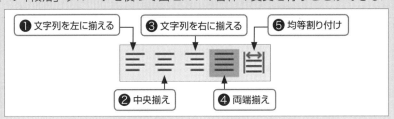

図2.41　段落の配置と均等割付ボタン

❶文字列を左に揃える：文字列を選択しこれをクリックすると文字列が行の左に配置される。

❷中央揃え：文字列を選択しこれをクリックすると選択した文字列が中央に配置される。

❸文字列を右に揃える：文字列を選択しこれをクリックすると選択した文字列が右端に配置される。

❹両端揃え：文字列を選択しこれをクリックすると選択した文字列が左端にセットされる。

参考　日本語文章では、「両端揃え」と「文字列を左に揃える」は同じとして扱われる。しかし、英文の場合は区別される。英文の場合の両端揃えは、ジャスティフィケーション処理に相当する。

例：両端揃え

The standard 12-lead electrocardiogram is a representation of the heart's electrical activity recorded from electrodes on the body surface.

例：文字列を左に揃える

The standard 12-lead electrocardiogram is a representation of the heart's electrical activity recorded from electrodes on the body surface.

⑤均等割り付け:

方法 1 カーソルが置かれた文字列（段落全体）を左右の余白の端に揃えて表示（配置）する.

> 　身体の表面から誘導する方法：肢誘導，胸部誘導
> 　　　　　　　　　　　　↓
> 身 体 の 表 面 か ら 誘 導 す る 方 法 ： 肢 誘 導 ， 胸 部 誘 導

方法 2

文字列を選択し図2.41の❺均等割り付けボタンをクリックすると「文字の均等割り付け」ダイアログボックスが表示される. ダイアログボックス「現在の文字列の幅」を参照し, 均等に表示したい文字列数を「新しい文字列の幅（T）」のボックスに入力しOK ボタンをクリックする. 下図で示すように 17 文字の文字列が 30 字で均等に表示される.

図 2.42　均等割り付けの設定

> 　身体の表面から誘導する方法：肢誘導
> 　　　　　　　　　　　　↓
> 身 体 の 表 面 か ら 誘 導 す る 方 法 ： 肢 誘 導

2.8 表の作成

　表は実習のレポートや実務に就いた時の文書作成など種々の文書で使用される. Word では様々な表を作成する機能を提供している. 表 2.2 を例にとり Word で作成する.

表 2.2 表作成のための例題

脈 拍 の 変 化					
誘導法	安静／深呼吸	測定値（拍／分）			
標準誘導	安静時	78.9	83.3	75.0	65.2
	深呼吸	61.2	68.2	78.1	65.2
Goldberger 変法	安静時	71.4	81.0	81.0	76.9
	深呼吸	61.2	66.7	69.8	65.2
Wilson 胸部誘導	安静時	68.1	68.1	73.1	68.1
	深呼吸	66.7	71.4	65.2	66.7

2.8.1 表の作成

操作 2-58 表の作成

表を作成するには「リボン」の「表」ボタンを利用する．表の作成には３つの方法がある．

方法 1

①「リボン」の「挿入」タブをクリックし，「表」ボタンをクリックする．

②表を作成するためのプルダウンメニュー（図2.43）が表示される．マウスで□の部分を移動すると移動した□がオレンジ色となり，Word画面に表がプレビューされる．図2.43の例では，３行×５列の表がプレビューされている．

図2.43 表の作成方法 ― 1

方法 2

①図2.43で表示されたプルダウンメニューで「表の挿入（I）」をクリックすると，図2.44のダイアログボックスが表示される．

②図2.44「列数」と「行数」を入力しOKボタンをクリックする．

③図2.44では３行×５列の表ができる．

図2.44 表の作成方法 ― 2

方法 3

①図2.43で表示されたプルダウンメニューで「罫線を引く」をクリックすると，マウスポインタの形が ✎ になる．

②画面をドラッグすると図2.45で示すようにドラッグの跡が点線となるので所定の位置でマウスを離すと罫線が引かれる．

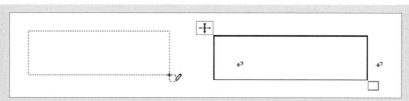

図 2.45　マウスによる罫線描画

③四角に続いて，横罫線（2本），縦罫線（1本）を引くと図 2.46 で示す表を作成すること
ができる．

図 2.46　マウスによる表（3行×2列）の作成

④表が作成されたら Esc キー（エスケープキー）を押すとマウスポインタの形状が │ に
なるので，文字も入力が可能となる．

操作 2-59　表を挿入してデータを入力する

前の操作で作成された表に文字（データ）を入力する．ここで表の一つひとつの□をセルと
いう．

①操作 2-59 のいずれかの方法で 8 行× 6 列の表を作成し，図 2.47 のように文字や数値を
入力する．入力はマウスでセルをクリックしカーソルの後に文字や数値を入力すればよい.
セルの移動は矢印キー（ ← → ↑ ↓ ）で行う．また，Tab キーを押すと右のセルに移
動し，Shift ＋ Tab キーを押すと左のセルに移動する．最後のセル（表の右下）で
Tab キーを押すと表の末行の下に新しい行が追加される．

脈拍の変化					
誘導法	安静／深呼吸	測定値（拍／分）			
標準誘導	安静時	78.9	83.3	75.0	65.2
	深呼吸	61.2	68.2	78.1	65.2
Goldberger 変法	安静時	71.4	81.0	81.0	76.9
	深呼吸	61.2	66.7	69.8	65.2
Wilson 胸部誘導	安静時	68.1	68.1	73.1	68.1
	深呼吸	66.7	71.4	65.2	66.7

図 2.47　表の入力

操作 2-60 セルの結合，分割

表2.2では，1行目の「脈拍の変化」はその行全体に表示されている．Wordでは複数のセルを1つにしてそこに文字列を表示（セルの結合）する機能と，逆に1つのセルを2つ以上に分割（セルの分割）する機能がある．

① 第1行目のすべてのセルを選択し，「リボン」の「レイアウト」タブをクリックする．

② 「結合」グループの「セルの結合」ボタン をクリックする．6つのセルが結合され1つになる（図2.48）．

脈拍の変化					
誘導法	安静／深呼吸	測定値（拍／分）			
標準誘導	安静時	78.9	83.3	75.0	65.2

図2.48 1行目のセルが結合された表

③ 同様に，1列目3・4行，5・6行，7・8行，2行目の3〜6列を結合する（図2.49参照）．

脈拍の変化					
誘導法	安静／深呼吸	測定値（拍／分）			
標準誘導	安静時	78.9	83.3	75.0	65.2
	深呼吸	61.2	68.2	78.1	65.2
Goldberger 変法	安静時	71.4	81.0	81.0	76.9
	深呼吸	61.2	66.7	69.8	65.2
Wilson 胸部誘導	安静時	68.1	68.1	73.1	68.1
	深呼吸	66.7	71.4	65.2	66.7

図2.49 セルが結合された表

④ セルの分割は「セルの分割」ボタンをクリックして表示された「セル分割ダイアログボックス」に列数と行数を入力して「OK」ボタンをクリックすることで行うことができる．

操作 2-61 列幅，行の高さの変更

2行2列目のセルの内容「安静／深呼吸」はセル長より長いので2行にわたって表示されている．

これをセル内に表示するには，列の幅を変更する必要がある．

① 文字入力モードのマウスポインタはｌの形状であるが，このポインタを縦の罫線に合わせるとその形状が ⊣⊢ となる．この状態で左右にドラッグするとその列が拡縮できる．この方法で「安静／深呼吸」，「Goldberger 変法」，「Wilson 胸部誘導」の列を拡張する．次に測定値の数値の列幅が広すぎるので同様に調整する（図2.50）．

参考 横の罫線では，マウスマウスポインタが ÷ となるので上下にドラッグすることで行拡縮ができる．

脈拍の変化					
誘導法	安静／深呼吸	測定値（拍／分）			
標準誘導	安静時	78.9	83.3	75.0	65.2
	深呼吸	61.2	68.2	78.1	65.2
Goldberger 変法	安静時	71.4	81.0	81.0	76.9
	深呼吸	61.2	66.7	69.8	65.2
Wilson 胸部誘導	安静時	68.1	68.1	73.1	68.1
	深呼吸	66.7	71.4	65.2	66.7

図 2.50　列幅が変更された表の画面

操作 2-62　列幅，行の高さの自動調整

列や行の変更操作を行うと列幅や行高が不揃いとなるが，自動的に調整することができる．

①列幅を調整したいセルを選択（図2.51(a)）し，「リボン」の「レイアウト」タブをクリックする．次に，「セルのサイズ」グループの「幅を揃える」ボタン をクリックする．

②列幅が均等に調整される（図 2.51(b)）

(a)　　　　　　　　　　　　　　(b)

図 2.51　列幅の自動調整

参考 同じ行高に調整する場合は，セルを選択し「高さを揃える」ボタンをクリックする．

操作 2-63　セルの文字配置の変更

セルの中の文字を行方向に中央揃え・右詰め・左詰め，縦方向に中央揃えや上下揃えを行う．

①列幅を調整したいセルを選択し，「リボン」の「レイアウト」タブをクリックする．次に，「配置」グループ（図 2.52）のボタンを目的に応じてクリックする．

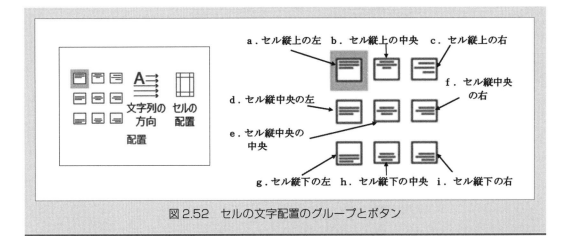

図 2.52　セルの文字配置のグループとボタン

操作 2-64　罫線のスタイル，太さ，色の変更

①罫線のスタイル，太さ，色を変更するには，表の中をクリックし，「リボン」の「デザイン」タブをクリックする．「罫線の作成」グループの「罫線を引く」ボタン（図 2.53(a)）をクリックする．

②罫線のスタイルを変更する場合は「ペンのスタイル」ボタン（図 2.53(b)）をクリックし描きたいスタイルをクリックする．次に，変更したい罫線をドラッグする．

③罫線の太さを変更する場合は「ペンの太さ」ボタン（図 2.53(c)）をクリックし描きたい太さをクリックする．次に，変更したい罫線をドラッグする．

④罫線の色を変更する場合は「ペンの色」ボタン（図 2.53(d)）をクリックし描きたい色をクリックする．次に，変更したい罫線をドラッグする．

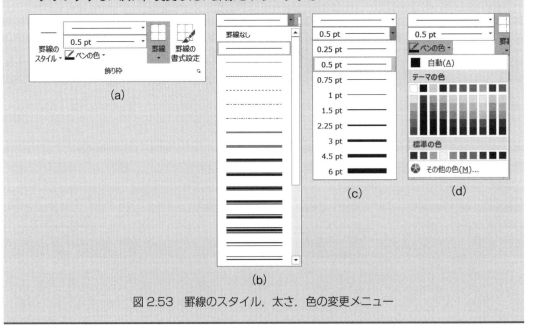

図 2.53　罫線のスタイル，太さ，色の変更メニュー

操作 2-65　表の色づけ（セルの塗りつぶし）

①塗りつぶしたいセルを選択し，「リボン」の「デザイン」タブをクリックし，「塗りつぶし」ボタン（図 2.54 参照）をクリックする.

②「塗りつぶし」プルダウンメニュー（図 2.54 参照）が表示されるので，塗りつぶしたい色をクリックするとセルの背景が指定の色で塗りつぶされる.

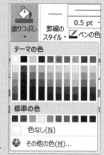

図 2.54　セルの塗りつぶしメニュー

操作 2-66　線の削除

①罫線を削除する場合は，「リボン」の「レイアウト」タブをクリックする.「罫線の作成」グループの「罫線の削除」ボタン ![罫線の削除] をクリックする.

②マウスポインタ形状が ![消しゴム] となるので削除したい罫線をドラッグするとその部分が消去される（図 2.55）.

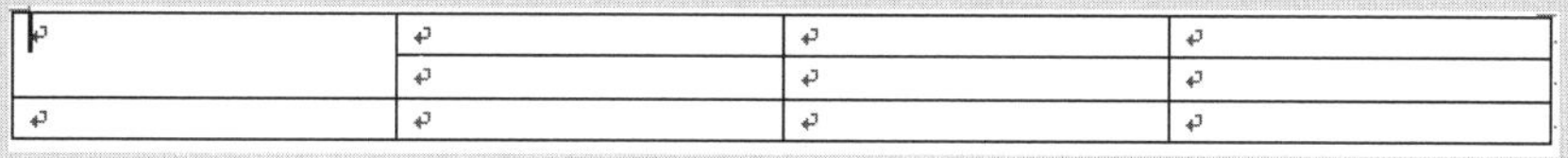

図 2.55　罫線が消去された表の画面

2.9　図の作成

実習のレポートや実務に就いたとき図形を作成することがある. Word では様々な図形描画機能を提供している.

2.9.1　図形の作成

Word では直線，四角，丸などの種々の図形を描くことができる. 図形は直接，文書を作成・編集する画面に作成できるが，複数の図形をひとまとめにして扱うことができる「描画キャンバス」単位にも作成できる. ここでは直接，文書を作成・編集する画面で図形を作成することにする.

操作 2-67　図形の作成（描画）

文書を作成・編集する画面に直接図形を作成する.

（1）四角形の作成

①「リボン」の「挿入」タブをクリックする.

②「図」グループの「図形」ボタンをクリックすると，図 2.56 で示す図形描画のためのツールが表示されているウィンドウが表示される. このウィンドウは,「最近使用した図形」,「基

本図形」,「ブロック矢印」,「フローチャート」,「吹き出し」,「星とリボン」のグループが
あり,描画図形を選択することができる.「最近使用した図形」は,Word利用者が今まで
描画時に使用した図形のアイコンが表示されている.

③図2.56(a)の中のアイコン□をクリックし,画面上にドラッグすると四角形が作成される
（図2.56(b)).

④四角形が塗りつぶされている場合は,図形をクリックしてリボンの書式をクリックして「図
形の塗りつぶし」ボタン ［図形の塗りつぶし▼］をクリックする.図2.56(d)が表示されるので
「塗りつぶしなし（N）」をクリックすると図2.56(e)のように塗りつぶしがなくなる.

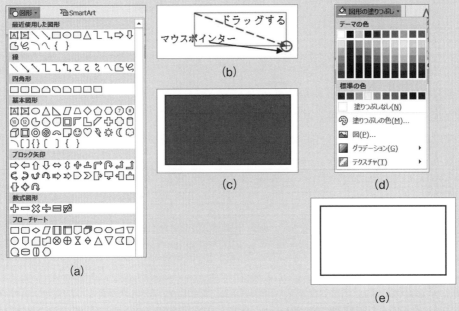

(a)

(b)

(c)

(d)

(e)

図2.56 図形描画のためのツールと四角形の描画

（2）直線の作成

①図2.57(a)「基本図形」の中のアイコン＼をクリックし,画面上にドラッグすると直線が
作成される（図2.57(b)).

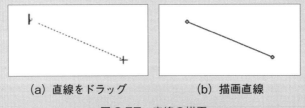

(a) 直線をドラッグ   (b) 描画直線

図2.57 直線の描画

（3）その他の図形の作成

①図2.55(a)の中から描画したい図形のアイコンをクリックし,画面上にドラッグすると該
当図形が作成される.

操作 2-68　図形の編集：移動・コピー

作成した図形の移動，コピー，拡縮，塗りつぶし，回転などの編集を行うことができる．

① 「移動」は作成した図形をクリックして，ポインタ形状が ↔ になったら，所定の位置まででドラッグしドロップする．

② 「コピー」は図形をクリックして Ctrl キーを押しながら移動してドロップするときにマウスを離す．

操作 2-69　図形の編集：拡縮，回転

① 直線（矢印直線を含む）の場合は，直線をクリックしいずれかの端にマウスをポイントすると形状が ✐ になるのでさらに左ボタンを押すとマウスの形状が＋になる．左ボタンを押しながら直線に沿ってあるいは延長上にマウスを移動し所定の位置で離すと直線の拡縮を行うことができる．また，ポインタの形状が＋のとき回転と拡縮を同時に行うことができる．

② 直線以外の図形も①と同様な操作で拡縮が行われる．

③ 回転は図形の上端に表示されている ↻ をポイントして左ボタンを押しながら回転操作を行う．

④ 図形をクリックすると「リボン」の「書式」タブがクリックされた状態になる．「配置」グループの「回転」ボタンをクリックすると図 2.58 で示す，図形を回転するメニューが表示される．

④ ここで，「右へ 90 度回転」，「左へ 90 度回転)」，「上下反転」，「左右反転（H)」をクリックすると回転を行うことができる．

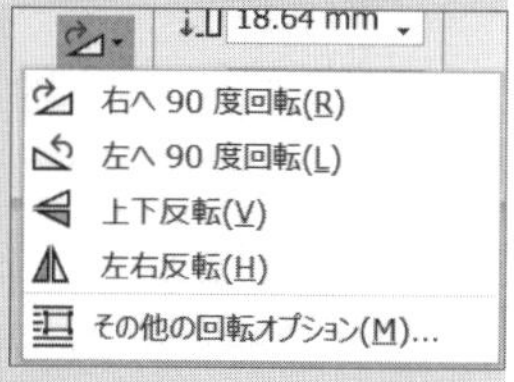

図 2.58　図形の回転メニュー

操作 2-70　図形の編集：塗りつぶし

図形の内部を色で塗りつぶすことができる．

① 塗りつぶす図形をクリックすると，「リボン」は「書式」タブの内容が表示される．もし，「書式」タブの内容が表示されない場合は，「書式」タブをクリックする．

② 「図形のスタイル」グループの「図形の塗りつぶし」ボタン ［図形の塗りつぶし▾］ をクリックする．

③ 塗りつぶす色の一覧メニューが表示されるので塗りつぶしたい色をクリックすると図形の内部が塗りつぶされる（図 2.59(a)）．

④ 塗りつぶしを解除する場合は，塗りつぶす色の一覧メニューの中の「塗りつぶしなし」をクリックする．

⑤ 塗りつぶす色の一覧メニューの「テーマの色」や「標準の色」の中に塗りつぶしたい色がない場合は，「その他の色」をクリックすると図 2.59(b) のその他の色を設定するウィンドウが表示されるので「標準」（図 2.59(b)），「ユーザ設定」（図 2.59(c)）どちらかのタブをクリックして，塗りつぶしたい色をクリックする．

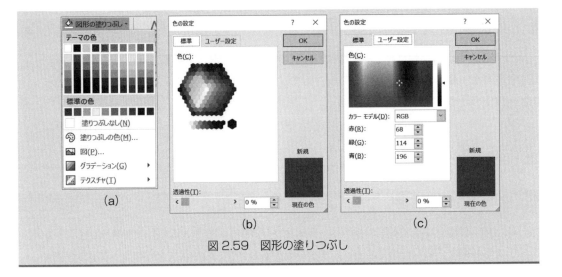

図2.59　図形の塗りつぶし

操作 2-71　図形の編集：枠線

直線の形状や図形の枠線の形状の編集を行うことができる.

①図形をクリックすると,「リボン」は「書式」タブの内容が表示される. もし,「書式」タ
　ブの内容が表示されない場合は,「書式」タブをクリックする.

②「図形のスタイル」グループの「図形の枠線」ボタン ✏️図形の枠線 をクリックする.

③図形の枠線の編集メニュー（図2.60(a)）が表示される.

④線の太さを編集する場合は「太さ」をクリックすると, 図2.60(b) で示す各種の線の太さ
　見本が表示されるので, 目的とする線をクリックする. ここで, 太さの単位 pt は, ポイ
　ント（1 pt = 1/72 in）を意味する. また, 1 pt = 0.0352778 cm である.

⑤線の形状を編集する場合は「実線／点線」をクリックすると, 図2.60(c) で示す種の形状
　が表示されるので, 目的とする線をクリックする.

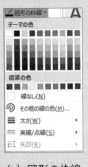

(a) 図形の枠線
編
集の設定画面

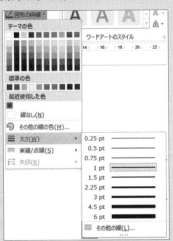

（b）枠線の太さ編集の設定画面

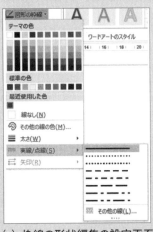

(c) 枠線の形状編集の設定画面

図2.60　線の太さと形状の編集画面

操作 2-72　図形の編集：形状の変更

直線の形状を枠線や塗りつぶしの色などを変えずに変更できる.

①図形をクリックすると,「リボン」は「書式」タブの内容が表示される. もし,「書式」タブの内容が表示されない場合は,「書式」タブをクリックする.

②「図形の挿入」グループの「図形の変更」ボタン  をクリックする.

③図形の変更の編集メニューが表示される（図2.61）.

④各種図形一覧が表示されるので, 変更した図形をクリックすると図形が変更される.

図 2.61　図形の形状変更画面

2.9.2　ワードアートの挿入

Word では通常の文字にデザイン効果を加味した文字をオブジェクトとして作成できる. その機能あるいは文字を「ワードアート」という.

操作 2-73　ワードアートの挿入

①「情報リテラシー」と入力してからドラッグしてから「リボン」の「挿入」タブをクリックして「テキスト」グループの「ワードアート」ボタン をクリックすると図 2.62(a) で示すワードアートの一覧ウィンドウが表示される.

②ワードアートの一覧の中で例として A をクリックすると, 図 2.62(b) の入力枠が表示されるので文章を入力すると図 2.62(c) で示すように文章がワードアートの書体となる.

(a)

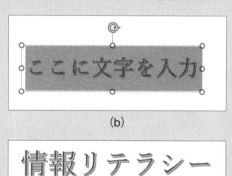

(b)

(c)

図 2.62　ワードアートの作成

③ワードアートの書体の文章をクリックするとリボンタブの「文書」が表示されるので，「文書の効果」ボタン 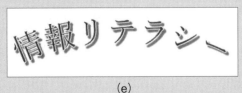 をクリックし変形ボタン をクリックすると図 2.62(d) が表示される．ここでは，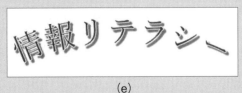 を選ぶと図 2.62(e) が表示される．

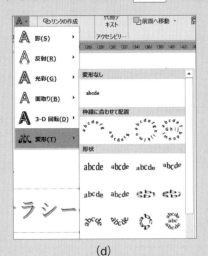

(d)

情報リテラシー

(e)

図 2.62　ワードアートの作成

参考　リボンのタブの「挿入」をクリックし，図グループのオンライン画像のボタン オンライン画像 をクリックすると Bing で検索した画像を張り付けることができる．オンライン画像のボタンをクリックすると図 2.63 の (a) が表示されるので，「リンゴ」をクリックすると (b) になる．(b) で任意のリンゴをクリックし「挿入」ボタンをクリックするとシートに貼り付けられる．Bing イメージ検索：Bing（ビング）は，Microsoft が提供する検索ツールであり，Bing イメージ検索は，オンラインで画像，クリップアートなどを検索できる．検索のエリアに「クリップアート」と入力し Enter キーを押すとクリップアート (c) が表示される．(c) で任意のクリップアートをクリックし「挿入」ボタンをクリックするとシートに貼り付けられる．

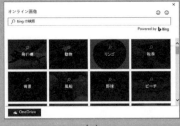

(a)

(b)

(c)

図 2.63　オンライン画像

2.9.3 画像の挿入

Word では撮影した写真を画面に挿入して利用することができる.

操作 2-74　画像の挿入

①画像を挿入する位置をクリックし,「リボン」の「挿入」タブの「図」グループの「画像」ボタン 画像 をクリックする.

②画像や図が存在するドライブ,フォルダーを示す「図の挿入」ダイアログボックスが表示される(図2.64(a)).

③目的のファイル(アイコン)をクリックし,「挿入(S)」ボタンをクリックする.指定した位置に画像が挿入される(図2.64(b)).画像ファイルが表示されない場合は画像ファイルが保存されているドライブやフォルダーをクリックしファイルを表示させることができる.

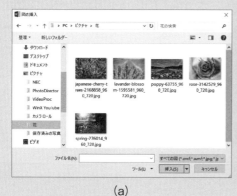

(a)　　　　　　　　　　　　　　　　　　(b)

図 2.64　図の挿入

2.9.4 テキストボックスの挿入

Word では文字列を入力し,画面に任意の位置に配置することができる図形の一種(「テキストボックス」という)を利用することができる.

操作 2-75　テキストボックスの挿入・編集

①「リボン」の「挿入」タブの「テキスト」グループの「テキストボックス」ボタン を クリックする.

②各種の「テキストボックス」一覧(図2.65(a))が表示されるので目的とするものをクリックする.ここでは「横書きテキストボックスの描画」をクリックする.

③+のポインタをドラッグするとテキストボックスが描画(図2.65(b))される.

④テキストボックスの中に文字を入力する(図2.65(c)).

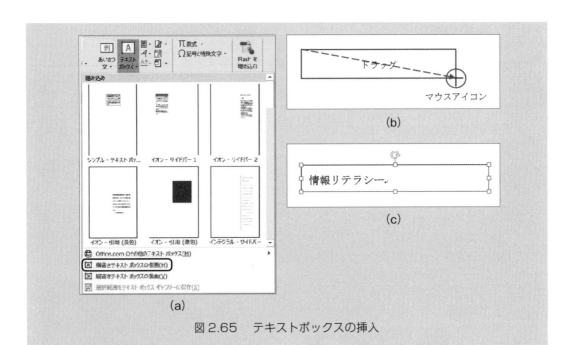

図2.65 テキストボックスの挿入

2.9.5 複数図形の操作

Wordでは，複数図形の重なり順序の調整や整列を行う機能がある.

操作2-76 複数図形の重なり順序の調整

①図2.66では④と⑧の2つの図形が重なっている. 図2.66(a)では⑧が前面に, (b)では④が前面に表示されている. (a)から(b)にする操作を行う.

②(a)の④の図形を右クリックし表示されたメニューの中の 最前面へ移動(R) ボタンをクリックする. ④が⑧の前面に配置される(図2.66(b)).

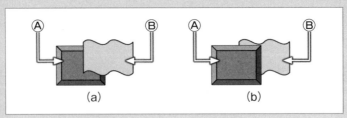

図2.66 画像の重なりの調整

2.9.6 文字の折り返し

Word の文中で図形をどのように配置するかを設定することを「文字の折り返し」という.

操作 2-77　文字の折り返し

①文字の折り返しを設定するには，図をクリックして，「文字の折り返し」ボタン ［文字列の折り返し▼］ をクリックする.

②図 2.67 で示す折り返し一覧メニューが表示されるので目的のアイコンをクリックする.

③折り返しには 7 種類があり，文字との関係は表 2.3 のとおりである.

図 2.67　文字の折り返しメニュー

表 2.3　文字の折り返しの種類

アイコン	名称	意味	機能
🐕	行内	行の内部に図形が配置され，図形全体が文字として文中に配置される.	
🐕	四角形	図形を囲む四角形の枠に沿って文字が配置される.	
🐕	狭く	図形の形に沿って文字が配置される.	
🐕	内部	「狭く」と同じである.	
🐕	上下	図形の上下に文字が配置される.	
🐕	背面	文字の背面に図形が配置される.	
🐕	前面	図形の背後に文字が配置される. 図形の位置にある文字は見えなくなる.	
⌂	折り返し点の編集	図形の折り返し点が編集できる.	

2.10 グラフの作成

表やグラフは Excel を使用すると容易に作成することができるが，Word においても表やグラフを作成できる.

操作 2-78　グラフの作成

① 「リボン」の「挿入」タブをクリックして，「図」グループの「グラフ」ボタン ![グラフ] をクリックする.

② 図 2.68 で示す「グラフの挿入」ダイアログボックスで作成したいグラフのアイコンをクリックすると図 2.69(a) で示すグラフ（Word 画面）とひな形の Excel 表が表示される.

③ 図 2.69(b) の Excel シートでデータを入力すると Word の画面に入力データが反映されたグラフ（図 2.69(c)）が作成される.

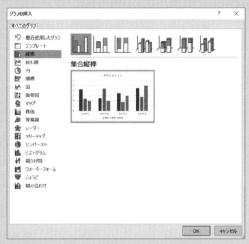

図 2.68　グラフの挿入ダイアログボックス

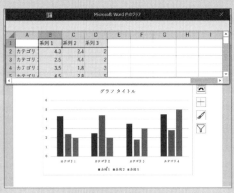

（a）ひな形データ Excel シート

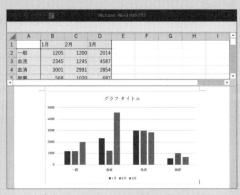

（b）Excel シートに実データ入力

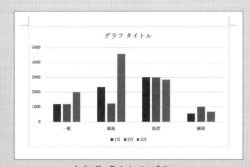

（c）作成されたグラフ

図 2.69　グラフの作成画面

操作 2-79　グラフのレイアウトの変更

　グラフは縦軸，横軸，プロットエリア，凡例などの要素がある（図2.71参照）．これらの要素を変更することができる．

①グラフエリアをクリックし，「リボン」の「デザイン」タブをクリックして，「グラフのレイアウト」のグループの「クイックレイアウト」ボタンをクリックする．

②図2.70で示すグラフのレイアウト一覧が表示されるので，目的とするアイコンをクリックする．

③例として 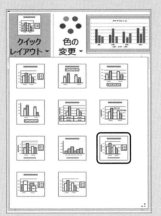 をクリックすると図2.71が表示される．

④図2.71で「グラフタイトル」，「縦（値）軸ラベル」，「横（項目）軸ラベル」などをダブルクリックすると，その内容を変更できる．

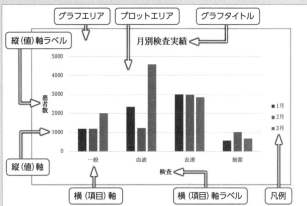

図2.70　クイックレイアウト
変更メニュー

図2.71　レイアウトが変更された画面

操作 2-80　グラフの種類の変更

①グラフエリアをクリックし，「リボン」の「デザイン」タブをクリックして，「種類」グループの「グラフの種類の変更」ボタン をクリックする．

②「グラフの種類の変更」ダイアログボックスが表示されるので，一覧から目的とするグラフのアイコンをクリックする（図2.72(a)）．

③例として「3D-集合縦棒」をクリックすると，図2.72(b)が表示される．

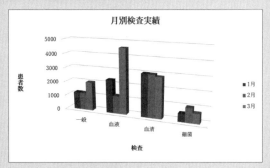

(a)「グラフの種類の変更」ダイアログボックス　　　　(b) 変更されたグラフ

図2.72　グラフ変更のダイアログボックスと変更されたグラフ

2.11 総合練習

医科系大学では生理学，病理学，解剖学などの実習を行いレポートの提出を求められる．今まで解説してきた Word の機能を使って次のような生理学実習のレポートを作成してみよう．

生理学実習レポート

実習題目	血圧の変化		実習日：令和元年 6 月 5 日	
学科：健康科学科	学籍番号：1955002		氏名：大東太郎	担当：山田花子

1. 目的
　血圧とは重要な臓器に一定量の血流を維持させるための一つの物理現象である．血圧＝血流×抵抗の関係があり，血流量は心拍出量によって決まるため，血圧は心拍出量，血液の粘性および血管の長さに比例し，血管の半径の 4 乗に反比例する．最大血圧は心拍出量に関係し，最小血圧は循環抵抗に関係する．測定方法は動脈内に圧トランスジューサを挿入して直接内圧を測る方法と間接法に分けられる．今回は，血圧の意味を理解し，正常人の血圧を測定できるようにする．
　（1）姿勢による血圧の差をみる．
　（2）バルサルバ・マニューバ・寒冷の影響による差をみる．
　（3）運動前・運動中・運動後の血圧の変化をみる．
以上について実習を行う．

2．方法
　今回の実習は，間接法（触診法・聴診法）を用いる．
　（1）器具
①水銀血圧計（Riva-Rocci 型）（Syphygmomanometer）
　血圧計には水銀血圧計とアネロイド血圧計（タイコス型）が一般に使用されている．最近ではディジタル血圧計も多く市販され，家庭用に広く用いられるようになっている．血圧計には上腕に巻く圧迫帯（マンシェット），側圧計，ゴム球の 3 つの部分からなる．マンシェット幅は血圧の測定値に大きく影響を与えるため，JIS 規格では幅 14 cm 長さ 25 cm と定められている．
　（WHO 規格　幅 14 cm 上腕を一周する長さ）
②聴診器
　聴診器は膜型を用いると計測しやすい．
　（2）測定法
　（2.1）触診法
①楽な座位になり，上肢を机の上に置く．
②ゴム嚢の中央が上腕動脈にかかり，指が 2 指入る程度の強さに上腕下部にマンシェットを巻く．マンシェットの下端は肘窩 2〜3 cm 上とする．マンシェットの中心は心臓と同じ高さになるよう注意する．
③血圧計を水平に置き，マンシェット圧 0 の時に水銀計が 0 位を示すことを確認する．
④肘関節を軽く伸展させ，左手の第 2 指と第 3 指で橈骨動脈に触れ（手首）脈拍を確認する．
⑤橈骨動脈の脈拍が触れなくなるまでゴム球を圧迫し，急速にマンシェットを膨らます．
⑥橈骨動脈を触診しながら，静かにマンシェットの圧の圧を抜き，脈拍が最初に触れた点が収縮期血圧（最大血圧）である．触診法では拡張期血圧（最低血圧）は測定できない．
　（2.2）聴診法
①触診法と同様にマンシェットを巻く．
②肘関節を軽く伸展させ，肘窩の上腕動脈の脈拍を確認して，その上に聴診器をマンシェットの下に挟み込むように，かつ動脈を圧迫しないように置く．
③橈骨動脈が触れなくなる 20〜30 mmHg までマンシェットを急速に膨らませる．
④静かにマンシェットを減圧する．コロトコフ音を最初に識別できる点を収縮期血圧（最大血圧）とし，最後の消失する点を拡張期血圧（最低血圧）とする．
注意：種々の条件により変動するので，数回測定する．

3．測定結果

被験者：M．S

	最高血圧	最低血圧	脈圧	平均血圧
臥位	106	68	38	80.7
座位	105	62	43	76.3
立位	102	63	39	76.0

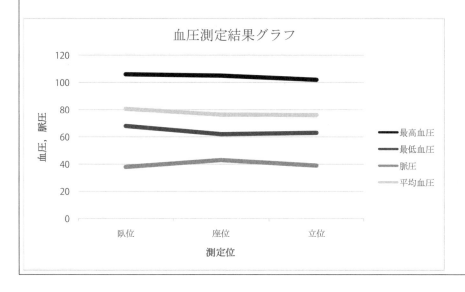

第**3**章

表計算ソフト
－Office 365 Excel－

　リテラシー（literacy）は日本語にすると「読み書きをする能力」である．昔は読み，書き，そろばんの手習いを受けて教養を養ったものであるが，最近は「コンピュータを道具として利用・活用する能力」，すなわちコンピュータ・リテラシー（computer literacy）を身につけることが基本的な能力とされている．表計算ソフトは，読み，書き，そろばんの「そろばん」に該当するもので，コンピュータを利用して，種々の計算を実施するために利用する道具である．

　コンピュータは，高速かつ正確に数値の計算を実行する能力を持っている．この能力をプログラムを作成することなく活用するためのソフトとして，表計算ソフトが開発され，手軽に利用できるようになって久しい．

　現在，表計算ソフトは様々な種類があるが，Excel はその中でも標準的に用いられている表計算ソフトとなっている．本章の表計算ソフトの基本的な機能に関しての説明は，どの表計算ソフトでもほとんど共通であるが，そのソフトを使用するための操作方法はそれぞれの表計算ソフトのバージョンに依存するため，マイクロソフト社の Office 365 Excel（以下 Excel）を例にとって説明する．

3.1　基本的な表計算ソフトの機能

　表計算ソフトは，英語ではスプレッド・シート（spread sheet）と呼ばれており，縦・横に数値を記入した計算用紙を卓上に広げて計算を行うのと同じように，コンピュータの画面上に計算用紙を広げて計算を行うことを指している．表計算ソフトの代表的な機能はこの表計算機能である．

　表計算機能で計算した結果と入力した数値データをより視覚的に表現するための道具として，種々の形式のグラフを容易に作成するための機能（グラフ機能）も用意されている．

　表計算ソフトのデータ保存形態は関係データベース構造を持っており，この構造の特徴（表の結合，分割，行・列単位でのデータの挿入・削除が容易）を利用したデータベース（database）機能も用意されている．必要なすべての数値を入力または計算して作成された基本となる表（データベース）から種々の形式の表データを作成することが可能である．

　その他，簡単な操作手順のプログラムを作成する機能もあり，それをマクロ機能と呼んでいる．よほど複雑なデータ処理を行う場合以外はこの機能を使用する必要がないほど，最近の表計算ソフ

トは充実しているので，この機能の詳述は本章では割愛する.

　上記の機能を用いて種々の計算を行いその結果をグラフ等の視覚的な表現に現し，それを印刷物として体裁の良い資料にまとめるための機能として数値の表現形式やフォントのサイズ，色等を自由に使用する機能は前述のワードプロセッサソフトとほぼ同じ機能を持っている.

　以上の機能をまとめると

> **表計算ソフトの機能：①表計算機能，②グラフ機能，③データベース機能，④マクロ機能**

である.

3.1.1　表計算機能

　入力したデータを基に種々の計算を行う機能であり，計算式で計算内容を指定する場合と，表計算ソフトの中に組み込まれている種々の関数（例えば標準偏差を計算する関数）を用いて計算する方法がある.

　計算式を指定する場合に利用できる演算子は次のものである.

> 四則演算………　表記方法：加算（＋），減算（－），乗算（＊），除算（／）
> べき乗　………　表記方法：べき乗（＾）

表計算ソフトに組み込まれている関数は表 3.1 の分類に従って多くの関数が用意されている.
なお，関数の数はそれぞれのメーカーの表計算ソフトにより，またバージョンにより異なる.

表 3.1　関数の分類

関数名	種類数
統計関数	（70 - 80 種類）
数学・三角関数	（60 - 70 種類）
文字列操作関数	（30 - 40 種類）
データベース，リスト管理関数	（10 - 20 種類）
情報関数	（10 - 20 種類）
論理関数	（5 - 10 種類）
財務関数	（50 - 60 種類）
エンジニアリング関数	（40 - 60 種類）

3.1.2　グラフ機能

　入力および計算により作成された表をグラフ形式で表現することができる機能である．標準的な表計算ソフトには通常下記のような種類のグラフを平面的（2-D）に，また立体的（3-D) に作成する機能がある.

> グラフの種類　…………縦棒グラフ，横棒グラフ，折れ線グラフ，散布図，円グラフ，面グラフ，ドーナッツグラフ，レーダーチャート，等高線グラフ，バブルチャート，株価チャート，円柱グラフ，円錐グラフ，ピラミッドグラフ

3.1.3 データベース機能

入力および計算により作成した基のデータ（データベース）から，必要な項目のみを抽出したり，ある条件に合ったもののみの表を作成したり，ある条件に従い並べ替えたりする機能である．

標準的な表計算ソフトには下記のような機能が組み込まれている．

・ソート（並べ替え） ……………… 条件に従い並べ替える機能
・フィルタ …………………………… 条件に合ったデータのみを抽出
・ピボットテーブルレポート ……… 指定した行項目，列項目に従い集計

3.1.4 マクロ機能

表計算ソフトにない機能に関して，簡単なプログラムを作成する機能である．

例えば，ある列項目の値によって計算式の内容が異なる計算を行って数値を算出する場合や，ある条件を満たしたときのみ計算を実行し，他の場合は表の数値をそのまま使用したりする場合等にマクロ機能を用いて処理手順をプログラムするのに利用される．

最近の表計算ソフトの機能は高度なものになってきているため，この機能を利用しなくても通常の表計算は可能になってきている．そのため，この機能に関しては本章では詳述を割愛する．

3.1.5 その他の機能

標準的なワードプロセッサが持っている下記の主要な機能は，表計算ソフトにも組み込まれており，利用可能である．

その他の機能 …………①フォントの種類・サイズの変更
…………②文字・数字の表示位置の設定
…………③文字・背景の色，模様の設定
…………④表中の罫線の設定
…………⑤テキストボックス，図形，地図の挿入
…………⑥文字に対する特殊効果の設定（文字の変形等）
…………⑦形式を選択してコピーおよび移動（行・列の入れ替えも可能）
…………⑧インターネット上に表示できるよう，HTML 形式への変換

3.2 表計算ソフトの入力画面の基本的構成

表計算ソフトを用いて種々の計算を行う場合，まず数値，数式あるいは文字列を入力して表を作成する必要がある．表計算ソフトを起動すると 1 つの**ワークシート**が入力画面として表示される．新しく表を作成する場合は表示された画面上に入力する．事前に作成した表を用いて何らかの操作をしようとする場合は，保存してあるファイル名を指定し，そのファイルの内容を画面上に表示して内容の変更，表形式の変更等を行うことになる．1 つのファイルの中には複数のワークシートが保存されており，これを**ブック**と呼んでいる．

3.2.1 ブック，ワークシート，セル

　表計算ソフトを起動すると，縦・横にグレーの線のある表形式の画面が表示される．その画面に数値，数式，文字列を入力して表を作成することになる．この画面に表示された1つの表を**ワークシート（work sheet）**と呼ぶ．

　グレーの線で囲まれた1つのマス目を**セル（cell）**と呼び，1つのセルをクリックすると黒い枠となり（アクティブセル：active cell），このセルに1つの数値，文字列あるいは数式を入力することになる．

　このセルを指定するためのセル番地は列番号と行番号によって行う．通常列番号は1桁または2桁の英字（アルファベット）を使用し，行番号は1から始まる数字を用いる．例えばA列の1行目のセルは「A1」の如く指定する．列番号は英字1桁26列（A，B，…）に続いて2桁の英字の組み合わせ（AA，AB，…）で表し，さらに3桁の英字の組み合わせ（AAA，AAB，…）と続く．1シートは最大16,384列で構成され，行番号は最大1,048,576の数字で構成される（Excelの場合）．したがって1シート最大 16,384 x 1,048,576 セルを使用することができる．

　いくつかのシートをまとめて**ブック（book）**が構成される．ハードディスク（HDD) などにはこのブックにファイル名を付けて1つのファイルとして保存することになる．

$$\text{ブック（ファイル）} \begin{cases} \text{シート1} \\ \text{シート2} \\ \quad \vdots \end{cases}$$

表計算ソフトの表形式画面の構成および名称を図3.1に示す．

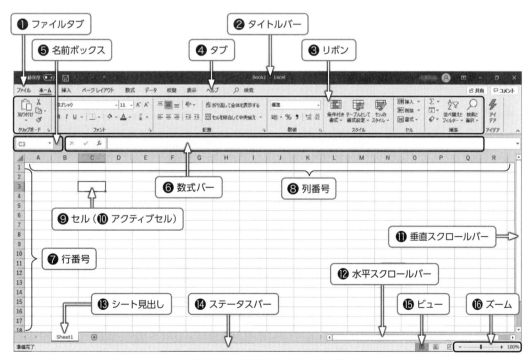

図3.1　画面の構成および名称

簡単な説明を下記に記す.

❶ファイルタブ …………… ファイルに関連する基本機能を表示

❷タイトルバー …………… 作業中のブック名を表示

❸リボン ………………… 作業に必要なコマンドのボタンが配置されている

❹タブ …………………… リボンに表示されるコマンドのボタンのグループを切り替える

❺名前ボックス ………… アクティブセルのセル番地や名前を表示

❻数式バー ……………… アクティブセルの文字列や数式を表示

❼行番号 ………………… 行の位置を示す数字を表示

❽列番号 ………………… 列の位置を示すアルファベットを表示

❾セル …………………… 文字列や数字,数式などを入力する場所

❿アクティブセル ………… 現在操作の対象となっているセル

⓫垂直スクロールバー …… ドラッグによりワークシートを上下に移動

⓬水平スクロールバー …… ドラッグによりワークシートを左右に移動

⓭シート見出し ………… 各シートの名前を表示

⓮ステータスバー ……… 平均やデータの個数などを表示

⓯ビュー ………………… 画面表示モードの切り替え

⓰ズーム ………………… 表示倍率の変更

3.2.2　セル内の情報

　各セルに表示されている数値,文字列は,それぞれのセルの画面に表示されていない他の情報を持っている.これは表示されている画面(表画面と呼ぶことにする)の裏にもう1つの画面(「裏画面」と呼ぶことにする)を持っていると考えると理解しやすい.

　この裏画面にある情報は,計算式,文字列・数値情報の形式,表示形式等々である.この裏画面の情報はそのセルをダブルクリックするとセル上に表示される.またはそのセルをクリックしてアクティブセルにすると,画面上の数式バー上に表示される.

例

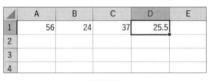 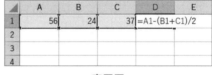

表画面　　　　　　　　　　　　　　　　裏画面

図3.2　各セル内の情報

3.3 表計算ソフトの操作

　標準的な表計算ソフトの操作は市場に出ている,それぞれのソフトで多少異なるが,機能的には大差はないと言える.この章以降は表計算ソフトの詳細な操作をより具体的に説明するため,マイクロソフト社の Excel(Office 365)を例にとって説明を進める.

Excel（Office 365）では，「リボン」にあるアイコンは以前のバージョンと大きな変化はない．また，マウスの右クリックで表示されるショートカットメニューもほとんど従来同様使用できる．したがって，以前のバージョンを使ってきたユーザは，Excel（Office 365）が初めてであっても，以前のバージョンと関連付けると容易に操作することができよう．

3.3.1 表計算ソフトの起動と終了

操作 3-1　Excel の起動

Windows 10 では，サインインすると図 3.3 のような初期画面が表示される．表計算ソフトを起動する場合は，画面の左下の「スタート」ボタンをクリックして表示されるスタート画面（図 3.4）で検索ボックスに「E」を入力し，検索された「Excel」のボタンをクリックすると起動する．エクセルの起動画面で，「空白のブック」をクリックすると，新規に起動できる．既存のワークシートを取り出したい場合は，ファイルタブをクリックし，「開く」をクリックし，開きたいファイル名を指定して「開く」ボタンをクリックすればよい．

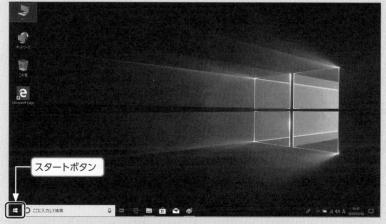

図3.3　Windows 10 のサインイン画面例

(a)　　　　　　　　　　　　(b)

図3.4　スタート画面（検索ボックス）

操作 3-2　Excel の終了

　表計算ソフトを終了する前に作成したワークシートの内容を保存する必要がある．ファイルタブをクリック，「上書き保存」または「名前を付けて保存」をクリックして保存する．

・**上書き保存**：既存のファイルの内容を新しい内容に書き換える場合（古い内容は消去）
・**名前を付けて保存**：新しくファイルの名前を付けて保存する場合（図 3.5）

　「OneDrive」（インターネット上）と「この PC」（ハードディスクなど）を選択できる．「参照」のボタンをクリックすると図 3.6 のようなダイアログボックスが表示されるので，保存先フォルダーを決定．（例えば，ドキュメントフォルダー）ファイル名を入力し「保存」ボタンをクリックする．

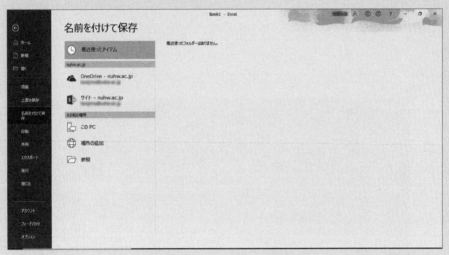

図3.5　名前を付けて保存

図3.6　名前を付けて保存ダイアログボックス

　ファイルを保存した後，右上の「×」をクリックして終了する．

　なお，保存しないで終了しようとした場合，変更を保存するかどうかを聞いてくるので保存

する場合は ［ 保存 ］，保存しない場合は ［保存しない］ のボタンをクリックして終了する.

図3.7　保存の問い合わせのメッセージボックス

3.3.2　ワークシートへのデータの入力

（1）数値・文字列の入力

　ワークシート内のセルには，数値や文字列（アルファベット，日本語：[半角 / 全角] キーで日本語入力システムの起動が必要）を入力することができる. 数値や文字列をキーボードから入力し，Enter キーを押すと初期設定では自動的に次のように表示される.

- **数値**：半角，右詰（11 桁以上は指数変換される. 例：1.23E12 --> 1.23X10^{12}）.
  カンマ付き（12,345），パーセント（34.5%），日付・時間（19/8/31 15:34:21）などといった形式の数値入力も可能. 但し，この場合は指数変換されない.
- **文字列**：全角，左詰（最大 32,767 文字）

　数値や文字列を入力し，Enter キーを押すと自動的にアクティブセルが入力したセルの下のセルに移動する. 通常，アクティブセルの上下左右への移動は矢印のついたキーで行う.

（2）連続するデータの入力

操作 3-3　データの入力（数値データの場合）

① 2 つのセルに数値を入力（例：1,3）する.

② その 2 つのセルを範囲指定（ドラッグして指定された範囲のセルは太枠で表示される）.

③ 範囲指定した範囲の右下にポインターを持ってくると矢印マークが「+」に変わる.

④ そのままドラッグしてその下の複数のセルに連続データを得る（列入力のみ可）.

（例：1,3,5,7,9,・・・・）

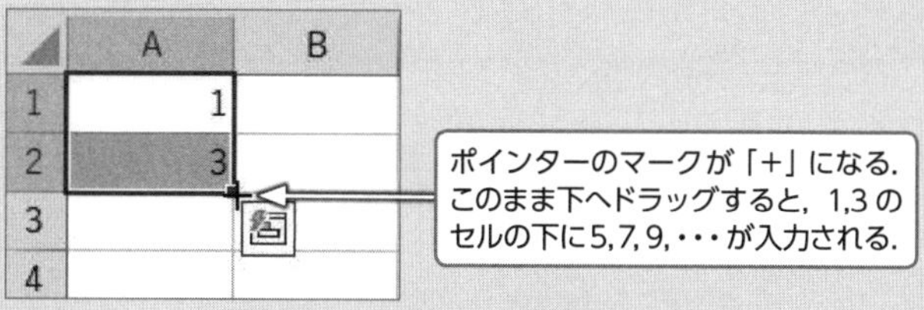

	A	B
1	1	
2	3	
3		
4		

ポインターのマークが「+」になる. このまま下へドラッグすると，1,3 のセルの下に 5, 7, 9, ・・・ が入力される.

図3.8　ドラッグによる連続データの入力

　上記のように 2 ずつ加算された連続データではなく，1,2,3,4,・・・ のように 1 ずつ加算される連続データの入力は：

① 1 つのセルに初期値を入力（例：1）.

②そのセルの右下にポインターを持ってくると＋に変わる.

③ [Ctrl] キーを押しながらドラッグして，その下に連続データを得る.

（例：1,2,3,4,5,・・・・・）

操作 3-4　データの入力（文字列データの場合）

①操作方法は数値データの場合と同じである. 連続データ入力は月（1月，2月・・・・），曜日（月，火・・・）等種々の連続データが用意されている.

②その他，連続データではないが，文字列入力には入力列の上方に入力されているデータを簡単に入力するための次の機能が用意されている.

・すでに入力しようとしている列の上方に「糖尿病」と入力されていた場合，「と」と入力すると，自動的に「糖尿病」が表示される. [Enter] キーを押すことで入力される.

・また，すでに入力しようとしている列の上方に入力されているすべての文字列の一覧から一つを選択して入力することもできる.

①入力するセルをクリック. [Alt] キーを押しながら，[↓] 矢印を押す.

②一覧表が表示され，必要な文字列を [↑][↓] 矢印で選択，[Enter] キーを押す.

図3.9　入力一覧表

(3) 入力データの修正・消去（削除）・コピー（移動）

操作 3-5　セル内容全体の修正および部分的の修正

①データ入力されているセルを指定して，その上にデータを入力すると，入力されていた全データは新しく入力したデータに置き換わる.

②入力データの内容の一部を修正する場合は，修正しようとするデータのあるセルをダブルクリックし，修正箇所にカーソルを持ってきて修正するか，修正箇所をドラッグして指定し，新しい文字列を入力すると古い文字列と置き換わる.

操作 3-6　セル内容の消去とセルの削除

表計算ソフトでは，「消去（クリア）」と「削除」は異なった意味で使用されている.

対象とするセルが 1 つの場合はそのセルをクリック，複数セルの場合はドラッグして範囲を指定して次の操作を行う.

「消去」: すべての内容を消去する場合は [Delete] キーを押す.

「削除」：セルの内容とセルそのものを削除する意味であり，削除されるセルの下・右のセルを列単位または行単位で移動させるものである．

①マウスの右クリックで，ショートカットメニューが表示

②「削除」の下記ダイアログボックスから選択

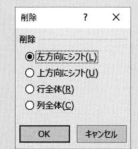

図3.11　削除のダイアログボックス

図3.10　ショートカットメニュー

操作 3-7　セル内容のコピー・移動

　セルの内容を同一のワークシートや他のワークシートの他の箇所に，セルの内容全体，書式のみ，数式で計算された数値のみ等の選択をして，コピーあるいは移動させることができる．

　セルの内容をコピーあるいは移動する場合は，事前に対象とする1つのセルを指定，または複数のセルをドラッグにより範囲指定しておく必要がある．

　①対象範囲を指定．

　②マウスの右クリックで，ショートカットメニューを表示（図3.12）．

　③「コピー」（移動の場合は「切り取り」）．

　④コピー（移動）先のセルを指定（複数セルの場合は左上のセルを指定）．

　⑤マウスの右クリックで，ショートカットメニューを表示．

　⑥「貼り付け」あるいは「形式を選択して貼り付け」．

　「形式を選択して貼り付け」の場合は図3.13のようにさらにアイコンのメニューが表示され形式を選択できるようになる．さらに「形式を選択して貼り付け」をクリックすると，ダイアログボックスが表示されるので，その中から必要とする項目を選択して「OK」ボタンを押す．

　なお，「行列を入れ替える」を指定しておくと，表の行と列を入れ替えてコピーまたは移動することができるので便利である．

図3.12 ショートカットメニュー

(a)

(b)

図3.13 形式を選択して貼り付け

　なお，単純にコピーあるいは移動する場合は，範囲指定した対象領域の縁にポインターを持っていくと矢印マークに変更され，そのまま所定のセルまでドラッグするとセル内容が**移動**する．

　コピーの場合は，ドラッグ時に [Ctrl] キーを押しながら操作する．「＋」マークが矢印の周辺に表示されるので，コピーであることを認識することができる．

（4）操作を間違った場合の処置

　消去等の操作を誤って行いデータを消去してしまった場合は，クイックアクセスツールバーの「元に戻す」ボタン（図3.14）をクリックすると直前に行った操作を取り消すことになり，消去されたものが復元される．また右の矢印（▼）をクリックすると過去に行った操作がすべて表示され，複数の操作を復元することも可能である．

図3.14 元に戻すボタン

3.3.3 ワークシートへの数式の入力

　表計算ソフトの本来の機能は，入力されたデータを用いて特定の計算式で計算を行い，その結果をセル上に表示することである．この機能を利用するには，計算結果を求めようとするセル上に計算式を入力して行う．計算式の入力の方法としては，セル上にある記述法に従い計算式を入力する場合と，表計算ソフトに「関数」として用意されている計算手順を使用する方法がある．また，簡単に表の縦・横の合計値を計算するための「オートSUM」と呼ばれる機能も用意されている．

　この節以降は簡単な例題を基に説明を進めることにする．この例題は栃木県主要都市12市と県全体についての成人の疾患別死亡者数および15歳以上の人口から構成されている．

例題1　栃木県市部の成人疾患別死亡者数と15歳以上人口

	A	B	C	D	E	F	G	H
1								
2								
3	市町村	脳血管疾患	生活習慣病	悪性新生物	心疾患	合計	15歳以上人口	対人口比率
4	栃木県全体	2784	9349	3974	2221		1643582	
5	宇都宮市	461	1724	790	396		362273	
6	足利市	255	891	379	224		140496	
7	栃木市	127	410	178	91		71503	
8	佐野市	140	436	171	111		69849	
9	鹿沼市	166	513	201	130		77039	
10	日光市	30	113	49	30		16163	
11	今市市	93	317	137	73		50121	
12	小山市	135	565	263	147		123687	
13	真岡市	83	245	106	49		51760	
14	大田原市	85	248	100	57		42535	

図3.15　入力データ

---

(1) 表の縦・横の合計値の計算

操作 3-8　表の縦・横の合計値の計算

① 「オートSUM」の機能を使用すると便利である．操作は次のように行う．

合計を求める数値が入力されている最初のセルから計算結果の合計値を入れるセルまでをドラッグして範囲指定する（図3.16）．1つの列（行）の場合は，合計を求める数値の範囲の1つ下のセル（行の場合は右のセル）が合計値を入れるセルとなる．

	A	B	C	D	E	F	G
1							
2							
3	市町村	脳血管疾患	生活習慣病	悪性新生物	心疾患	合計	15歳以…
4	栃木県全体	2784	9349	3974	2221		1
5	宇都宮市	461	1724	790	396		

図3.16　栃木県全体の成人疾患別死亡者数の合計を「合計」
欄に求める場合の範囲指定

95

②リボン（ホームタブ）の「編集」グループにある「合計」ボタン ΣオートSUM ▾ をクリック．

複数行・列の場合はそれぞれの行・列の右・下のセルに合計値が求まる（図3.17）．

	A	B	C	D	E	F	
1							
2							
3	市町村	脳血管疾患	生活習慣病	悪性新生物	心疾患	合計	15歳以
4	栃木県全体	2784	9349	3974	2221	18328	
5	宇都宮市	461	1724	790	396		
6	足利市	255	891	379	224		
7	栃木市	127	410	178	91		
8	佐野市	140	436	171	111		
9	鹿沼市	166	513	201	130		
10	日光市	30	113	49	30		
11	今市市	93	317	137	73		
12	小山市	135	565	263	147		
13	真岡市	83	245	106	49		
14	大田原市	85	248	100	57		
15	矢板市	54	184	80	47		
16	黒磯市	63	218	95	48		
17	市部合計						
18	郡部合計	1092	3485	1425	818		

図3.17 各市の成人疾患別死亡者数を「合計」欄に求める
場合の範囲指定

（2）数式入力による計算

数式を用いて計算を行う場合は，計算結果を求めるセルに数式を入力する．計算結果がそのセルに表示されるが，使用した数式は，そのセルをクリックすると「数式バー」上に表示される．また，そのセルをダブルクリックするとそのセル上に数式が表示される．どちらかの方法で入力後の数式のチェックあるいは修正を行うことになる．

数式に使用できる演算子は次のとおりであり，数式のなかで使用する変数は，セル番号（列番号＋行番号）で指定し，定数は数値を入力する．

表3.2 数式に使用できる演算子

		演算子	数式例
加減算	加算	＋	A1＋B3
	減算	－	A1－C5
乗除算	乗算	＊	A3＊B8
	除算	／	D5／A1
その他	べき乗	＾	A1＾C2 （A1^{C2}）

計算順序は乗除算が優先するため（ ）を用いて優先させる加減算式を指定する必要がある．

数式例：(A1＋B1＋C1)/2 と A1＋B1＋C1/2 は異なる．

A1, B1, C1 のそれぞれのセルの内容が 2, 8, 10 とすると，

(A1＋B1＋C1)/2 ＝ 10 A1＋B1＋C1/2 ＝ 15

操作 3-9　数式の入力

　数式の入力は「数式バー」上あるいはセル上どちらで行ってもよい．入力方法は次の手順に従って行う．

①計算結果を求めたいセルをクリック．

②セル上に「＝」を入力．

③数式バー上またはセル上に数式を入力する．この場合，数式内に指定するセル番号はそのセルをクリックしても入力される．（または，キーボードから入力してもよい）

④ Enter キーを押すと，計算結果が数式を入力したセルに表示され，数式はセル上から消え，数式バー上にのみ表示される．

G4	▼	⋮	× ✓ fx	=F4/G4			
	A	B	C	D	E	F	G	H
1								
2								
3	市町村	脳血管疾患	生活習慣病	悪性新生物	心疾患	合計	15歳以上人口	対人口比率
4	栃木県全体	2784	9349	3974	2221	18328	1643582	=F4/G4

図3.18　栃木県全体の「合計」の「15歳以上人口」に占める比率を「対
　　　　 人口比率」欄に求めるための数式の入力例．Enter キーを押せ
　　　　 ば結果が「H4」のセルに表示される．

（3）入力した数式・関数の他のセルへのコピー

　1つのセルに数式・関数を入力し，それをそのセルに連続したセル（複数セルも可）にコピーすることができる．その手順は連続データの入力と同じである．

操作 3-10　入力した数式・関数の他のセルへのコピー

①数式・関数を入力したセルの右下隅にポインターを持ってくると，「＋」マークに変化．

②そのままコピーしたい範囲までドラッグ．

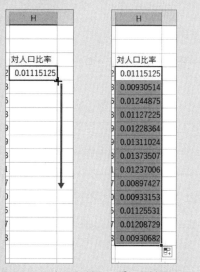

図3.19　マウスをドラッグして計算する

コピーした数式・関数中に記述されているセル番号は自動的に変更される．たとえば行方向にコピーした場合は列番号が変化し，列方向にコピーした場合は行番号が変化する．

行方向にコピーした場合の例：

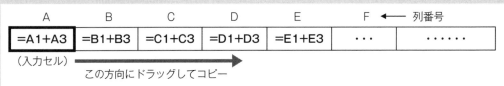

A	B	C	D	E	F	← 列番号
=A1+A3	=B1+B3	=C1+C3	=D1+D3	=E1+E3	・・・	・・・・・・

（入力セル）
この方向にドラッグしてコピー →

しかし，合計値を分母にして比率を算出したりする場合，分母のセル番号が変化すると意味のない計算を行うことになる．このような場合のために，コピーをしてもセル番号が変化しないようにすることができる．これをセル番号の「絶対参照」と呼び，セル番号を自動的に変化させる場合をセル番号の「相対参照」と呼んでいる．

絶対参照を行う場合は，セル番号の行番号または列番号の前に「$」を入力する．

絶対参照の例 ………… $A1 - 列番号のみ「A」に固定
………… A$1 - 行番号のみ「1」に固定
………… $A$1 - 行・列ともに固定，セル A1 に固定

A	B	C	D	・・・・・・	H	← 列番号
=A5/H5	=B5/I5	=C5/J5	=D5/K5	・・・・・・	合計値	相対参照
=A5/$H$5	=B5/$H$5	=C5/$H$5	=D5/$H$5	・・・・・・	合計値	**絶対参照**

（入力セル）
この方向にドラッグしてコピー →
（セルH5）

合計のセルを絶対参照にしておくと，コピーしてもセル番号「H5」は変化しない．

絶対参照の「$」の入力はキーボードから行ってもよいが，1つのセル番号を入力した後，ファンクションキーの「F4」を押すことにより，次のように「$」が自動的に挿入される．

　例 セル番号「A1」と入力した後「F4」を次のように押すと「$」が挿入される．
「F4」を1回押す ……… $A$1
「F4」を2回押す ……… A$1
「F4」を3回押す ……… $A1
「F4」を4回押す ……… A1（元の入力に戻る）

（4）関数入力による計算

表計算ソフト内には種々の計算式（関数）が用意されており，これらの計算式を使用して複雑な計算が行える．関数の入力形式は次の形式で入力される．

> ＝関数名（引数 1，引数 2，・・・・，引数 n）

引数の記述は，数値，セル番号（範囲を指定する場合は「A1：A10」はA1からA10を示す）を指定する．通常は関数のダイアログボックスから数値1（引数1），数値2（引数2）と聞いてくる

ので，所定のセルを範囲指定して入力することになる．

　関数名は一覧表（簡単な説明付き）から選択することができるので覚える必要はない．また，最近使用した関数を纏めた分類項目もあり，よく使用する関数はそこから選択することができる．

操作 3-11　関数入力

　入力手順は次の通りである．

①関数により，計算結果を求めたいセルをクリック．

②数式バー上「関数の挿入」ボタン $\boxed{fx}$ をクリック．

③関数一覧表が表示されるので，その中から関数名を選択（分類項目名→関数名）する．

④関数の引数ダイアログボックスの数値入力欄の右端のボタン（$\boxed{\uparrow}$）をクリック．

⑤セルの範囲を指定．

⑥関数のダイアログボックスの「OK」ボタンをクリック．

⑦関数を入力したセルに計算結果が表示され，関数入力は数式バーに表示される．

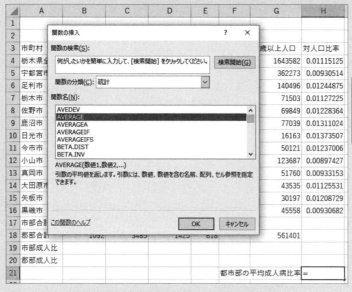

$\boxed{fx}$ をクリックして関数一覧表を表示．左のボックスは分類「統計」を選択し，関数「AVERAGE」（平均）を選択．下の部分に関数の説明がある．

図3.20　「対人口比率」の平均の算出例

図3.21　関数「AVERAGE」のダイアログボックス

(5) 数式・関数の入力時の自動修正（オートコレクト機能）

数式・関数の入力時に，入力ミスがあった場合，自動的に修正される機能がある．

	入力ミス例	自動修正
左右カッコの不一致	=2*(A1+B1))	=2*(A1+B1)
セル参照の行・列番号逆転	=5A	=A5
式の先端の「＝」の重複	==A1	=A1
被演算子のない演算子	=A1+B1+	=A1+B1
演算子の重複	=A1++B1	=A1+B1
乗算演算子の欠如	=5(A1+B1)	=5*(A1+B1)

(6) データ入力例

　図3.22は「栃木県市部の成人疾患別死亡者数と15歳以上人口」データと数式を入力した表であり，まだ編集はされていない状態であるが，この入力例を用いて，「入力データの編集」および「グラフの作成」の説明を行っていく．

表題：セル「A1」に入力（操作3-17参照）

　入力： 文字列：行・列項目名セルA3〜A20，B3〜H3,F21
　数値： セルB4〜E16，G4〜G16，B18〜E18，G18
　数式： セルF4〜F16，B17〜G17（オートSUM使用）
　　　　 セルH4に「=F4/G4」を入力，H5〜H18に数式コピー
　　　　 セルB19に「=B17/\$G\$17」を入力，C19〜F19に数式コピー
　　　　 セルB20に「=B18/\$G\$18」を入力，C20〜F20に数式コピー
　　　　 セルH21に「=AVERAGE(H5:H16)」を入力（操作3-11参照）

	A	B	C	D	E	F	G	H
1								
2								
3	市町村	脳血管疾患	生活習慣病	悪性新生物	心疾患	合計	15歳以上人口	対人口比率
4	栃木県全体	2784	9349	3974	2221	18328	1643582	0.01115125
5	宇都宮市	461	1724	790	396	3371	362273	0.00930514
6	足利市	255	891	379	224	1749	140496	0.01244875
7	栃木市	127	410	178	91	806	71503	0.01127225
8	佐野市	140	436	171	111	858	69849	0.01228364
9	鹿沼市	166	513	201	130	1010	77039	0.01311024
10	日光市	30	113	49	30	222	16163	0.01373507
11	今市市	93	317	137	73	620	50121	0.01237006
12	小山市	135	565	263	147	1110	123687	0.00897427
13	真岡市	83	245	106	49	483	51760	0.00933153
14	大田原市	85	248	100	57	490	43535	0.01125531
15	矢板市	54	184	80	47	365	30197	0.01208729
16	黒磯市	63	218	95	48	424	45558	0.00930682
17	市部合計	1692	5864	2549	1403	11508	1082181	
18	郡部合計	1092	3485	1425	818	6820	561401	
19	市部成人比	0.00156351	0.00541869	0.00235543	0.0013	0.01063		
20	郡部成人比	0.00194513	0.00620768	0.00253829	0.0015	0.01215		
21						都市部の平均成人病比率		0.01129003

図3.22　データ入力例

3.3.4　入力データの編集

　前節までは，データの入力および数式の入力・計算等の表計算ソフトの基本的な機能を説明した．作成された表を見やすく体裁を整え，印刷・表示するための編集機能の操作に関して本節で説明する．編集機能の種々の操作は，右ボタンクリックの際表示されるショートカットメニューやリボンのホームタブの「クリップボード」，「フォント」，「配置」，「数値」，「スタイル」，「セル」，「編集」の各グループにあるボタンなどに用意されている．

　編集の操作では，編集を行う対象セルの範囲指定が最初の操作になるため，範囲指定の基本から説明を進めることにする．なお，操作手順は①，②，・・・および「→」で示す．

（1）操作対象セルの範囲指定

　何らかの操作を行う場合，操作の対象となるセルの範囲を指定することが，編集作業の最初の操作となる．範囲指定する場合は次の4つの方法がある．

操作 3-12　セルの範囲指定

①1つのセルの指定：対象セルをクリックしアクティブセルにする．

②連続した範囲の指定：対象範囲の左上セルから指定範囲の右下セルまでをドラッグする．
（対象範囲の左上セルをクリックし，[Shift] キーを押しながら指定範囲の右下セル（最後のセル）をクリックしてもよい．）

③行・列全体の指定：行番号・列番号をクリックする（複数行・列の場合はドラッグ）．
（最初の行・列をクリックし，最後の行・列を [Shift] キーを押しながらクリックしても，連続した行・列を指定可能である．）

④離れた範囲の指定：最初の箇所を上記の方法で指定し，ついで離れた箇所を [Ctrl] キーを押しながら上記の方法で指定する（何カ所でも指定可能）（図 3.23）．

	A	B	C	D	E	F
1						
2						
3	市町村	脳血管疾患	生活習慣病	悪性新生物	心疾患	合計
4	栃木県全体	2784	9349	3974	2221	18328
5	宇都宮市	461	1724	790	396	3371
6	足利市	255	891	379	224	1749
7	栃木市	127	410	178	91	806
8	佐野市	140	436	171	111	858
9	鹿沼市	166	513	201	130	1010
10	日光市	30	113	49	30	222
11	今市市	93	317	137	73	620
12	小山市	135	565	263	147	1110
13	真岡市	83	245	106	49	483
14	大田原市	85	248	100	57	490
15	矢板市	54	184	80	47	365
16	黒磯市	63	218	95	48	424

2回目の範囲指定時に [Ctrl] キーを押しながら指定する．

図3.23　不連続範囲の指定の例

　なお，広範囲の指定の場合，画面の外までドラッグする必要があるが，ポインターが画面外へ出ても自動的にスクロールされる．

（2）セル・行・列の挿入・削除

操作 3-13　セル・行・列の挿入・削除

セルの場合：

消去（全内容消去）

　① 範囲指定して Delete キー

削除（削除後セルの移動）

　① 範囲指定→右クリック（ショートカットメニュー）→「削除」

　②「左方向にシフト（L）」,「上方向にシフト（U）」,「行全体（R）」,「列全体（C）」

　③「OK」ボタンをクリックする.

挿入（挿入後セルの移動）

　① 挿入する場所（セル）を指定 →右クリック（ショートカットメニュー）→「挿入」

　②「左方向にシフト（L）」,「上方向にシフト（U）」,「行全体（R）」,「列全体（C）」

　③「OK」ボタンをクリックする.

行・列の場合：

消去

　① 行・列を指定（行，または，列番号をクリック）→ Delete キーを押す

削除（削除後行・列移動）

　① 行・列の範囲指定（行，または，列番号をクリック）→右クリック（ショートカットメニュー）→「削除」

　行の場合は下の行が上へシフトされる. 列の場合は右の列が左へシフトされる.

挿入（挿入後行・列移動）

　① 行・列の範囲指定（行，または，列番号をクリック）→右クリック（ショートカットメニュー）→「挿入」

　指定した行の上, 列の左に範囲指定した行・列の数だけ行・列が挿入される.

操作 3-14　データの移動・コピー

「3.3.2 ワークシートへのデータの入力」に詳述してあるので, 参照のこと.

（3）セルの表示形式，文字の位置，フォント，罫線の編集

データを入力した後セル内のデータの表示形式（％表示, 3桁単位で「,」を挿入等）, 文字の位置, フォント, フォントサイズ, 文字の色, 罫線, 網掛け（パターン）等を設定することができる.

操作 3-15　表示形式の指定（%表示）

①範囲の指定（例：セルH4からH18までドラッグ）

②リボン「ホーム」タブ→「数値」グループ右下のボタン（ ▫ ）をクリックする.

（または，右ボタンクリック→ショートカットメニュー：セルの書式設定をクリック→表示形式タブをクリック）（図3.24のダイアログボックスが表示される）

図3.24　「表示形式」の指定

③分類の項目を選択する.（例：「パーセンテージ」を選択）

④「小数点以下の桁数」を設定する.（例：2に設定）

⑤「OK」ボタンをクリック.

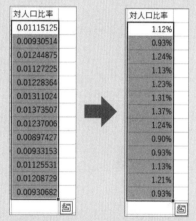

図3.25　対人口比率のすべての数値を範囲指定して，パーセンテージ表示（小数点以下2桁を指定）した例

選択された範囲の小数の数値が100倍され「%」が表示される.小数2桁目は四捨五入される.

「分類」の各項目で指定できる形式は下記のとおりである.

項目	内容
「標準」	文字列は左詰，数字は右詰
「数値」	小数桁数の指定，マイナス表示の指定「-」または「▲」
「通貨」「会計」	「¥」，「$」等の指定，3桁ごとに「,」の挿入，小数桁数の指定
「日付」「時刻」	日付，時刻の表示形式の指定
「パーセンテージ」	数値を100倍して「%」を表示，小数桁数の指定
「分数」	小数のある数値の分数表示，分母の桁または分母の数値を指定
「指数」	べき乗表示，小数桁数の指定（例：7120 --> 7.12E03 ）
「文字列」	数字を文字列として扱うことができる

なお，リボン「ホーム」タブ→「数値」グループにある下記のアイコンを利用すると便利である．

小数桁数のみの増減： $\begin{smallmatrix} \leftarrow 0 & .00 \\ .00 & \rightarrow .0 \end{smallmatrix}$

「％」表示，3桁毎の「,」の挿入： % ,

「¥」が挿入された「通貨」表示：🖳▾

操作 3-16　文字の「配置」の指定

①範囲の指定（例：セル A3 から H3 をドラッグ）

②リボン「ホーム」タブ→「配置」グループ右下のボタン（▫）クリックする．（または，右ボタンをクリック→ショートカットメニュー：セルの書式設定をクリック→配置タブをクリック）（図 3.26 のダイアログボックスが表示される）

③下記項目を指定し，「OK」ボタンをクリック．

文字の配置：セル内の文字の横・縦の位置を指定枠の右の矢印（▼）をクリックして選択する．

方向：角度をクリックして指定（縦書き指定も可能）

制御：セル内に表示できるよう自動的に「折返し表示」か「縮小して表示」を選択する．

また，表題等複数のセルの中央に表示する場合は「セルの結合」を選択する．

図 3.26　「配置」指定の例（横・縦中央揃え）

なお，リボン「ホーム」タブ→「配置」グループにある下記のアイコンを利用すると便利である．

縦・横の揃え：▦

文字列の方向：✎▾

インデントの指定：✦✦

表の表題のように表の横幅全体をセル結合して，その表題を表の中央に表示する場合がよくあるが，その場合の操作は次のようにすればよい．

操作 3-17　表題を表中央に表示する

①表題の文字を表の右端のセルに入力する．（例：セル A1 に「栃木県市部の成人疾患別死亡者数と15歳以上の人口」と入力）

②表の横幅全体を範囲指定する．（例：セル A1 から H1 を選択）

③リボン「ホーム」タブ→「配置」グループにあるアイコン $\boxed{\text{セルを結合して中央揃え}}$ をクリックする．

	A	B	C	D	E	F	G	H
1	栃木県市部の成人疾患別死亡者数と15歳以上の人口							
2								
3	市町村	脳血管疾患	生活習慣病	悪性新生物	心疾患	合計	15歳以上人口	対人口比率

図3.27　表題を表中央に表示するための指定の例

	A	B	C	D	E	F	G	H
1				栃木県市部の成人疾患別死亡者数と15歳以上の人口				
2								
3	市町村	脳血管疾患	生活習慣病	悪性新生物	心疾患	合計	15歳以上人口	対人口比率

操作 3-18　フォントの指定

①フォントを指定したい範囲の指定（例：セル A1）

②リボン「ホーム」タブ→「フォント」グループ右下の「ダイアログボックス起動ツール」ボタン（ $\boxed{\text{⌐}}$ ）クリック（図 3.28 のダイアログボックスが表示される）（例：サイズを14 に設定し，下線を付ける）

③下記項目を指定し，「OK」ボタンをクリック

　フォント名：一覧表からフォント名を選択指定

　スタイル：一覧表から「標準」，「斜体」，「太字」，「太字斜体」を選択指定

　サイズ：一覧表からフォントサイズ（文字の大きさ）を選択指定（標準：10.5）

　下線：下線を挿入する場合，右の矢印をクリックし，表示される一覧表から「下線」，「二重下線」を選択指定（会計の下線は，通常より下に挿入）

　色：文字の色を右の矢印をクリックして表示される一覧表から選択指定

　文字飾り：「取り消し線」，「上付き」（例：x^2），「下付き」（例：a_3）をクリックし，チェックマークをつける．

　指定した内容で文字がどのように表示されるかは，プレビューの枠内に表示される（図 3.28 参照）．

図3.28　「フォント」の指定例

　なお，リボン「ホーム」タブ→「フォント」グループのアイコンで下記の項目に関しての指定が可能である．「フォント」，「サイズ」，「スタイル」を単独に指定する場合に利用すると便利である．

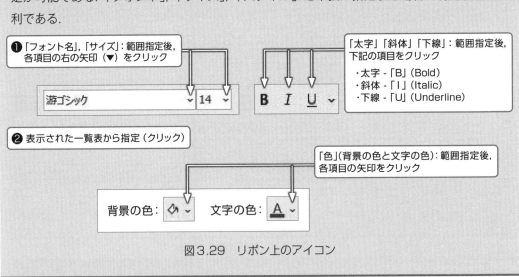

図3.29　リボン上のアイコン

操作 3-19　罫線の指定

罫線設定の操作手順は下記の手順に従って指定する．
①罫線を挿入する範囲を指定（例：セル A3 から H20 をドラッグ）
②リボン「ホーム」タブ→「フォント」グループ ⊞ ･ アイコンの右矢印（▼）をクリック
③「その他の罫線」をクリックする．
　（または，右ボタンクリック→
　ショートカットメニュー：セルの書
　式設定をクリック→罫線タブをク
　リック）（図 3.30 に示すダイアロ
　グボックスが表示される．）

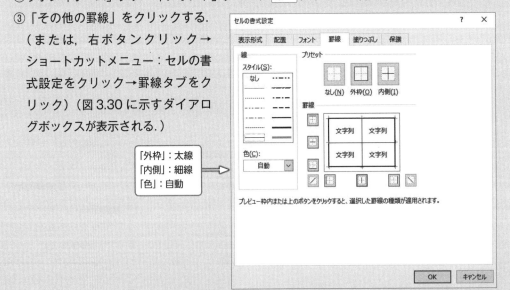

図3.30　罫線の外枠・内側を指定した例

④ 「スタイル」（線種，線幅）「色」を指定し，「プリセット」の項目中から「**外枠**」
　「スタイル」（線種，線幅）「色」を指定し，「プリセット」の項目中から「**内枠**」

後で修正する場合は，罫線表示枠の周辺にある罫線の位置を示すアイコンまたは直接中央にあるプレビュー枠内の線をクリックして，変更する罫線位置を指定する．（セル内に斜線を挿入することも可能.）（例：外枠：太線，内側：細線）

⑤「OK」をクリックする．（罫線設定例は図3.31）

	A	B	C	D	E	F	G	H
1	栃木県市部の成人疾患別死亡者数と15歳以上の人口							
2								
3	市町村	脳血管疾患	生活習慣病	悪性新生物	心疾患	合計	15歳以上人口	対人口比率
4	栃木県全体	2784	9349	3974	2221	18328	1643582	1.12%
5	宇都宮市	461	1724	790	396	3371	362273	0.93%
6	足利市	255	891	379	224	1749	140496	1.24%
7	栃木市	127	410	178	91	806	71503	1.13%
8	佐野市	140	436	171	111	858	69849	1.23%
9	鹿沼市	166	513	201	130	1010	77039	1.31%
10	日光市	30	113	49	30	222	16163	1.37%
11	今市市	93	317	137	73	620	50121	1.24%
12	小山市	135	565	263	147	1110	123687	0.90%
13	真岡市	83	245	106	49	483	51760	0.93%
14	大田原市	85	248	100	57	490	43535	1.13%
15	矢板市	54	184	80	47	365	30197	1.21%
16	黒磯市	63	218	95	48	424	45558	0.93%
17	市部合計	1692	5864	2549	1403	11508	1082181	1.06%
18	郡部合計	1092	3485	1425	818	6820	561401	1.21%
19	市部成人比	0.16%	0.54%	0.24%	0.13%	1.06%		
20	郡部成人比	0.19%	0.62%	0.25%	0.15%	1.21%		
21							都市部の平均成人病比率	1.13%

図3.31　罫線の設定例（外枠：太線，内側：細線）

なお，リボン「ホーム」タブ→「フォント」グループ ⊞▾ アイコンの右矢印（▼）をクリックすると罫線に関するアイコンが表示され，選択できる（図3.32）.

また,「罫線の作成（W）」をクリックして，必要箇所をドラッグして，部分的に罫線を追加したり，太さを変更したりすることもできる.

図3.32　罫線のメニュー

操作 3-20　塗りつぶしの指定

①範囲を指定（例：セル A3 から H3 をドラッグする.）

②右ボタンクリック→ショートカットメニュー：セルの書式設定をクリック→塗りつぶしタブをクリック（図 3.33 に示すダイアログボックスが表示される.）

③この中から下記の項目を指定し，[OK] をクリックする.

　セル内の背景の色：「背景色（C）」のパレットから背景色を選択する.（例：右から 2 列目 2 行目の色をクリック）

　セル内の網掛け：「パターンの色（A）」「パターンの種類（P）」の右の矢印（▼）をクリックすると，それぞれ，網かけのパターンの色，パターンの種類の一覧が表示される. この中からそれらを選択指定する.

④「OK」ボタンをクリックする.

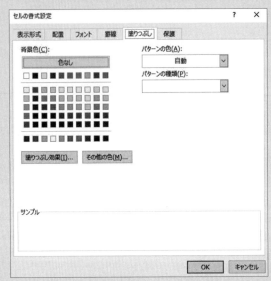

図 3.33　「セルの書式設定」のダイアログボックス

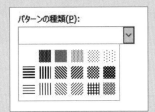

図 3.34　パターンの種類の選択

　なお，リボン「ホーム」タブ→「フォント」グループの塗りつぶしの色アイコン（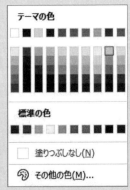）の右の矢印（▼）をクリックすると，背景色一覧が表示され簡単に設定できるので便利である.（図 3.35）

図 3.35　背景色の選択

（4）セル幅・高さの変更

セル内のデータの桁数が多く，セル幅内に表示できない場合：

数値：「######」が表示される．

文字列：一部が見えなくなる．

この場合は次の操作を行うと，指定した「列」の最大桁のデータが表示できるように拡大される．

操作 3-21　セル幅・高さの変更

①列番号（幅）または行番号（高さ）の境界にポインターを合わせ，ダブルクリックする．

複数の「列」・「行」の幅を最大桁のデータが見えるように，指定した全列を広げる場合は，複数列・行をドラッグして範囲指定し，その中の１カ所の境界にポインターを合わせて，ダブルクリック（指定した全部の列幅・行はそれぞれの列・行の最大桁が表示可能な幅になる）する．

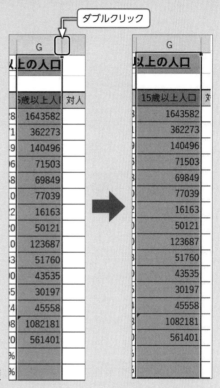

ダブルクリック

図3.36　セル幅の変更

操作 3-22　複数の「行」・「列」を均等の高さ・幅に設定

①行・列番号をドラッグして範囲指定後，１つの境界をドラッグして高さ・幅を設定する．

この操作は，次の手順でショートカットメニューからもできる．

操作 3-23　ショートカットメニューからの複数の「行」・「列」を均等の高さ・幅に設定

①「行」・「列」を行・列番号上で範囲指定（複数行・列の指定可能）する．

②右クリック→ショートカットメニュー表示→「行の高さ」または「列の幅」をクリック．

③表示されるダイアログボックス上で数値（ポイント）を入力する．

④「OK」ボタンをクリックする．

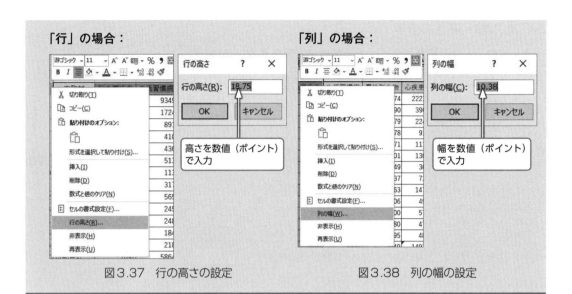

「行」の場合：	「列」の場合：

図3.37 行の高さの設定　　　図3.38 列の幅の設定

(5) ワークシートの編集

操作3-24 ワークシートの編集

①**タブ名の変更**：ワークシートのタブをダブルクリック→シート名を入力する.

(例：「Sheet1」を「疾患」に変更)

②**シートの追加**：「ワークシートの挿入」のボタン（⊕）をクリックする.

表示中のシートの左に追加されたシートのタブが出る.

③**シートの削除**：削除するシートタブをクリック→右クリック→ショートカットメニュー表示→「削除」をクリックする.

④**シートの移動**：移動させるシートのタブをドラッグ，矢印表示で移動先が明示される.

⑤**シートのコピー**：コピー元のシートタブを Ctrl キーを押しながらタブの境界までドラッグ→新しくワークシートが作成され，コピー元のワークシートの内容すべてがコピーされる. シート名はコピー元のシート名に（2）が付けられる.

(例：元シート名「疾患」→「疾患（2）」)

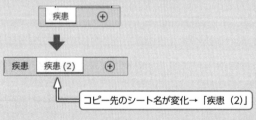

コピー先のシート名が変化→「疾患（2）」

(6) 入力データの編集例

前節の「データの入力例」で入力した表を例にとって入力データの編集を行う. ここでは，表を見やすくするため，下記の操作手順に従い編集作業を行う.

操作 3-25　入力データの編集

表題：文字のフォントを「游ゴシック」に変更，サイズを 14 ポイントとする．また，表題は表の幅の中央に配置し，太字とし，下線を挿入する．

①表題が入力されているセルをクリック

②リボン上で「フォント」と「サイズ」を変更する．「B」（太字），「U」（下線）をクリックする．

③表幅に範囲指定し，リボン上の 国 セルを結合して中央揃え ▾ ボタンをクリック（セルの結合）

項目名：範囲指定して，リボン上の「B」（太字）および「中央揃え」 三 ボタンをクリック

数値：

①比率以外（B4 ～ G18）を範囲指定し，リボン上の ， ボタンをクリックする．

②比率の部分（B19 ～ F20，H4 ～ H18）を範囲指定する．（離れた範囲も指定 Ctrl キー）

③リボン上の % ボタンをクリックする．

④リボン上の .00 ボタンを 2 度（小数点以下 2 桁）クリックする．

罫線：

①表全体を範囲指定する．（A3 ～ H20）

②リボン上の罫線ボタン 田 ▾ の右の矢印（▼）をクリックする．

③格子 田 格子(A) ボタンをクリックする．

④太い外枠 田 太い外枠(T) ボタンをクリックする．

⑤項目名の行（A3 ～ H3），「栃木県全体」の行（A4 ～ H4）・列（A3 ～ A20）を別々に範囲指定し，太い外枠 田 太い外枠(T) ボタンをクリックする．また，「市部合計」「郡部合計」の 2 行（A17 ～ H18）を範囲指定し，太い外枠 田 太い外枠(T) ボタンをクリックする．

	A	B	C	D	E	F	G	H
1	栃木県市部の成人疾患別死亡者数と１５歳以上の人口							
2								
3	市町村	脳血管疾患	生活習慣病	悪性新生物	心疾患	合計	15歳以上人口	対人口比率
4	栃木県全体	2,784	9,349	3,974	2,221	18,328	1,643,582	1.12%
5	宇都宮市	461	1,724	790	396	3,371	362,273	0.93%
6	足利市	255	891	379	224	1,749	140,496	1.24%
7	栃木市	127	410	178	91	806	71,503	1.13%
8	佐野市	140	436	171	111	858	69,849	1.23%
9	鹿沼市	166	513	201	130	1,010	77,039	1.31%
10	日光市	30	113	49	30	222	16,163	1.37%
11	今市市	93	317	137	73	620	50,121	1.24%
12	小山市	135	565	263	147	1,110	123,687	0.90%
13	真岡市	83	245	106	49	483	51,760	0.93%
14	大田原市	85	248	100	57	490	43,535	1.13%
15	矢板市	54	184	80	47	365	30,197	1.21%
16	黒磯市	63	218	95	48	424	45,558	0.93%
17	市部合計	1,692	5,864	2,549	1,403	11,508	1,082,181	1.06%
18	郡部合計	1,092	3,485	1,425	818	6,820	561,401	1.21%
19	市部成人比	0.16%	0.54%	0.24%	0.13%	1.06%		
20	郡部成人比	0.19%	0.62%	0.25%	0.15%	1.21%		
21							都市部の平均成人病比率	1.13%

図3.39　編集例

3.3.5 画面の表示位置の移動および複数のワークシートの表示

　大きな表などの場合は見出しはスクロールしないでデータ部分のみを移動したり，参照するデータの行・列を固定し，他のデータの列や行のみを移動して見やすくして，データのチェックをする必要に迫られることが多々ある．このような場合に利用する，見出し行・列のみを固定する機能(ウィンドウ枠の固定)および表を特定の行・列で分割しそれぞれの分割部分で独立に画面を移動する機能（ウィンドウの分割）が用意されている．また，複数のワークシートを表示して，他のワークシートのデータを参照したり，一部のデータをコピーしたりするための機能も用意されているのでここで説明する．その他，一部の行・列を非表示にして機密保持を行う機能も用意されている．

操作 3-26　1つのワークシートの分割表示

　行・列の数が多い大きな表を操作する場合，表全体を表示することが不可能であるため，行や列の表題部分を固定してデータ部のみを水平あるいは垂直にスクロールすることができる．

①固定すべき行の下の行，または固定すべき列の右の列を指定する．（例：B5 をクリック）

②リボン上の表示タブのウィンドウグループ「ウィンドウ枠の固定」をクリックする．

③「ウィンドウ枠の固定」をクリック（解除する場合は「ウィンドウ枠固定の解除」）

④スクロールバーでスクロールすると固定した行から下のみをスクロールすることができる（図 3.40）．

	A	B	C	D	E	F	G	H
1	栃木県市部の成人疾患別死亡者数と１５歳以上の人口							
2								
3	市町村	脳血管疾患	生活習慣病	悪性新生物	心疾患	合計	15歳以上人口	対人口比率
4	栃木県全体	2,784	9,349	3,974	2,221	18,328	1,643,582	1.12%
14	大田原市	85	248	100	57	490	43,535	1.13%
15	矢板市	54	184	80	47	365	30,197	1.21%
16	黒磯市	63	218	95	48	424	45,558	0.93%
17	市部合計	1,692	5,864	2,549	1,403	11,508	1,082,181	1.06%
18	郡部合計	1,092	3,485	1,425	818	6,820	561,401	1.21%
19	市部成人比	0.16%	0.54%	0.24%	0.13%	1.06%		
20	郡部成人比	0.19%	0.62%	0.25%	0.15%	1.21%		

図3.40　ウィンドウ枠の固定

　また，表を4分割して表示し，分割した一部分のみを水平あるいは垂直にスクロールすることもできる．

①分割表示したい位置のセルをクリックする．

②リボン上表示タブのウィンドウグループの分割ボタン（ 🗗分割 ）をクリックする．

③ワークシート上の分割部分を示す線をドラッグして，分割したい箇所へ移動させる．

操作 3-27　複数のワークシートの表示

　他のワークシートのデータを参照したり，コピーしたりするときは複数のワークシートを画面上に表示するためには，次の操作が必要である（図 3.41）．

①リボン上の表示タブをクリックする.

②整列をクリックする.

③「並べて表示」,「上下に並べて表示」,「左右に並べて表示」,「重ねて表示」のいずれかを選択して複数のワークシートを表示.

1つのワークシートのみの表示画面に戻す場合は,表示すべきワークシートを選択し,そのウィンドウの右上の最大表示ボタン（ ▢ ）をクリックする.

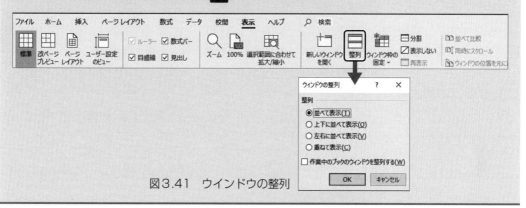

図3.41 ウインドウの整列

操作 3-28 特定の行または列の非表示

秘密保持の理由で特定の行・列を表示しないで,または不必要な行・列を表示せずに作業をする場合にはそれらの行・列を非表示にすることができる.

①非表示にする行・列をドラッグして指定する.（例：B5 ～ F16）

②リボン上のホームタブをクリックする.

③セルグループの書式ボタンをクリックする.

④非表示／再表示をクリックする.

⑤「行を表示しない」または「列を表示しない」をクリックする.（例：「行を表示しない」）（元に戻す場合は「行の再表示」または「列の再表示」をクリックする.）

図3.42 特定の行または列の非表示

3.3.6　グラフの作成

すでに作成された表のデータをグラフ化して，視覚的にデータの内容を表現するための機能が表計算ソフトには用意されている．グラフの種類は下記のように標準的に多くの形式のグラフを作成することができる．

グラフの種類：縦棒グラフ，折れ線グラフ，円グラフ，横棒グラフ，面グラフ，散布図，株価チャート，等高線グラフ，ドーナッツグラフ，バブルチャート，レーダーチャート

グラフを作成する場合は，最初にグラフ上に表現する表データの範囲を指定し，グラフの種類を選択し，グラフ内の種々の項目のフォント，サイズ，配置，目盛り線等を編集することになる．

(1) グラフの構成要素と名称

グラフのメニューやダイアログボックスの中にグラフ内のグラフ構成要素の名称が出てくるので最初に説明をしておく（図3.43）．

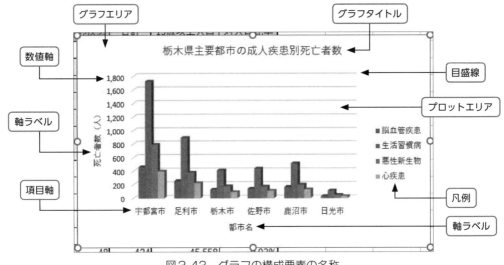

図3.43　グラフの構成要素の名称

(2) グラフにする表データの範囲指定

グラフを作成する前には必ずグラフ上に表現するデータを作成された表の上で範囲指定する必要がある．表データの数値部分を範囲指定するだけではなく，表上の行・列の項目名も範囲指定しておくとグラフエリアの項目軸上の項目名および凡例の内容が図3.44のように自動的に作成される．

なお，行（グラフの凡例）・列（グラフの項目軸名）の項目名を行・列を入れ替えることも，グラフ作成時に可能である．

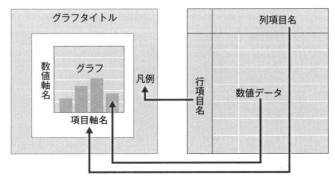

図3.44

グラフに表示するデータの範囲指定は，離れた領域を指定することもできる．この場合は前節で記述したように，Ctrl を押しながら範囲指定する（図3.45）．

	A	B	C	D	E	F	G	H
1	栃木県市部の成人疾患別死亡者数と１５歳以上の人口							
2								
3	市町村	脳血管疾患	生活習慣病	悪性新生物	心疾患	合計	15歳以上人口	対人口比率
4	栃木県全体	2,784	9,349	3,974	2,221	18,328	1,643,582	1.12%
5	宇都宮市	461	1,724	790	396	3,371	362,273	0.93%
6	足利市	255	891	379	224	1,749	140,496	1.24%
7	栃木市	127	410	178	91	806	71,503	1.13%
8	佐野市	140	436	171	111	858	69,849	1.23%
9	鹿沼市	166	513	201	130	1,010	77,039	1.31%
10	日光市	30	113	49	30	222	16,163	1.37%
11	今市市	93	317	137	73	620	50,121	1.24%
12	小山市	135	565	263	147	1,110	123,687	0.90%
13	真岡市	83	245	106	49	483	51,760	0.93%
14	大田原市	85	248	100	57	490	43,535	1.13%
15	矢板市	54	184	80	47	365	30,197	1.21%
16	黒磯市	63	218	95	48	424	45,558	0.93%

図3.45　グラフ作成のための範囲指定例
（セル A3 ～ E3 とセル A5 ～ E10 を選択している．）

（3）グラフの作成

グラフ作成の操作手順は次のとおりである．

操作 3-29　グラフの作成

①データの範囲を指定する．（例：セル A3 ～ E3 とセル A5 ～ E10 を選択する．図3.45）
②リボン「挿入」タブ「グラフ」グループのグラフを選択する．（例：縦棒→ 3-D 集合縦棒．図3.46）

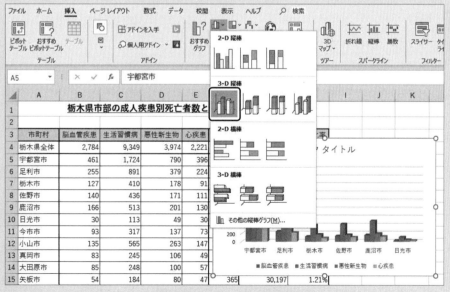

図3.46　グラフ種類の選択

115

③グラフが表示される（図3.47）.

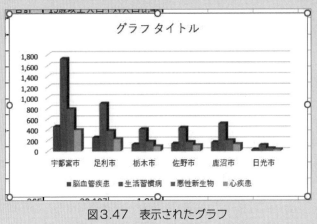

図3.47　表示されたグラフ

操作 3-30　グラフタイトル

① タイトルを付けるグラフをクリックする.
②「グラフタイトル」と書かれた枠をクリックして（図3.48），文字を編集する.（例：「栃木県主要都市の成人疾患別死亡者数」と入力する. 図3.49）

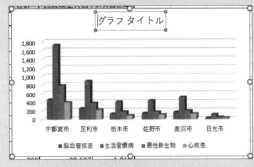

図3.48　グラフタイトルの入力

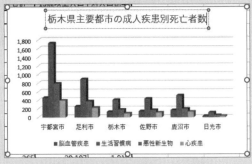

図3.49　グラフタイトルの編集

横軸ラベル：
①ラベルを付けるグラフをクリックする.
②リボン「グラフのデザイン」タブ「グラフのレイアウト」グループの「グラフ要素を追加」ボタンをクリックする.
③「軸ラベル」→「第1横軸」ボタンをクリックする（図3.50）.

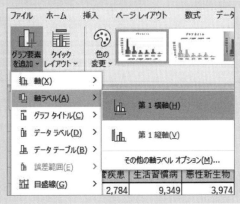

図3.50　横軸ラベルの付加

④「軸ラベル」と書かれた枠をクリックして，文字を編集する．（例：「都市名」と入力する．図3.51）

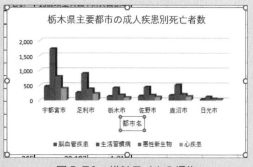

図3.51　横軸ラベルの編集

縦軸ラベル：

①ラベルを付けるグラフをクリックする．

②リボン「グラフのデザイン」タブ「グラフのレイアウト」グループの「グラフの要素を追加」ボタンをクリックする．

③「軸ラベル」→「第1縦軸」ボタンをクリックする．

④縦軸ラベルの配置を選択する（図3.52）．

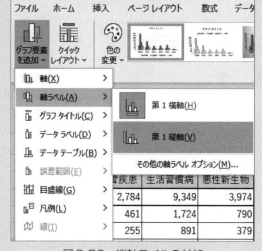

図3.52　縦軸ラベルの付加

⑤「軸ラベル」と書かれた枠をクリックして，文字を編集する．（例：「死亡者数（人）」と入力する．図3.53）

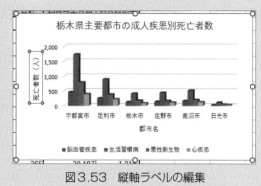

図3.53　縦軸ラベルの編集

操作 3-31　凡例

凡例の表示位置を変更することもできる．

①例の位置変更を行うグラフをクリックする．

②リボン「グラフのデザイン」タブ「グラフのレイアウト」グループの「グラフ要素を追加」ボタンをクリック．「凡例」 凡例(L) ボタンをクリックする．

③位置を選択する．（例：「右」を選択する．図3.54）

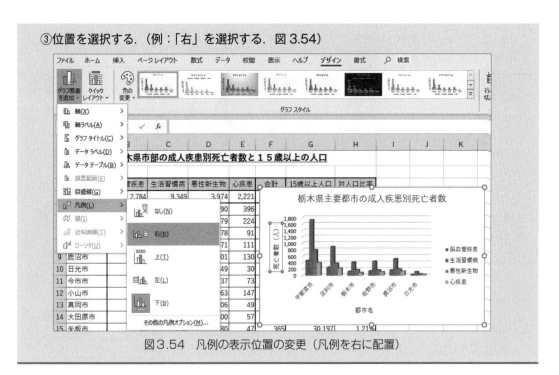

図3.54 凡例の表示位置の変更（凡例を右に配置）

(4) グラフエリアの移動・サイズ変更

グラフを作成すると，グラフはデータの範囲指定された表の上に通常作成される．まず，そのグラフを所定の位置に移動して，所定のサイズに変更する．

グラフエリア内の空白部をクリックすると，グラフエリア外側に半透明の枠が表示される．この枠が表示されるとグラフが指定された状態になり，グラフエリアの操作が可能になる．

操作 3-32 移動

①移動するグラフをクリックして指定する．

②ポインターをグラフエリア内に合わせ，そのまま移動先までドラッグする．

（ドラッグ中はポインターが左右上下の矢印マークに変化）

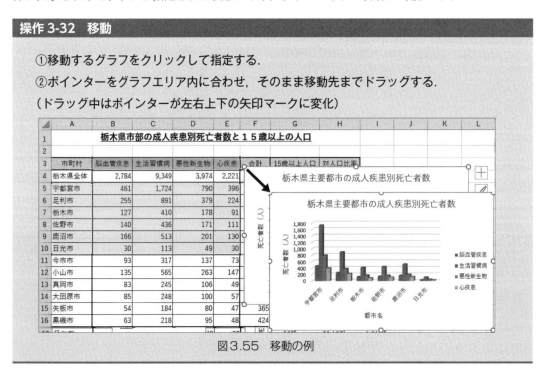

図3.55 移動の例

操作 3-33　サイズの変更

①サイズ変更するグラフをクリックして指定

②４隅または枠の中央にポインターを合わせると，矢印マークに変化するので，そのまま所定のサイズまでドラッグする．

　・４隅　………………　縦・横のサイズを同時に変更する．

　・中央　………………　縦または横のみのサイズを変更する．

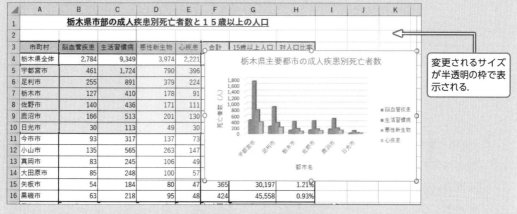

図3.56　サイズ変更の例

操作 3-34　削除

①削除するグラフをクリックして指定する．

② Delete キーを押す．

(5) グラフ構成要素の編集

操作 3-35　書式変更「書式設定」

　グラフエリア全体の書式を一括して変更する場合は，「グラフエリア」の空白部を，また各グラフ構成要素ごとに書式設定する場合はそのグラフ構成要素をクリックして指定し，右クリックしてショートカットメニューを表示する．

①グラフ構成要素指定→右クリック→ショートカットメニューの表示（図3.57）．

②フォントに関する変更などは「フォント（F）」のボタンをクリックして変更する．

　「フォント」「サイズ」「スタイル」「下線のスタイル」「文字飾り」などを指定する．

　　（例：「フォント」：游ゴシック，「サイズ」：タイトル12ポイント，その他９ポイント）

③「〜の書式設定」（〜には「グラフエリアの」「グラフタイトルの」「軸ラベルの」「凡例の」など選択した要素の名前が入る）をクリックする．

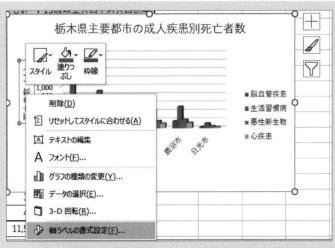

図3.57　ショートカットメニューの例（軸ラベル）

④作業ウィンドウが表示される（図3.58）.

「塗りつぶし」………… 塗りつぶしの色などを指定する.

「枠線の色」 ………… 枠線の色などを指定する.

「枠線のスタイル」…… 「一重線 / 多重線」「実線 / 点線」「線の先端」「線の結合点」など
　　　　　　　　　　を指定する.

「影」 ……………… 「標準スタイル」「色」などを指定する.

「光彩」 …………… 「標準スタイル」「色」などを指定する.

「ぼかし」 ………… 「標準スタイル」「サイズ」を指定する.

「3-D 書式」 ……… 「面取り」「奥行き」「輪郭」「表面」などを指定する.

「配置」 …………… 「テキストのレイアウト」などを指定する.

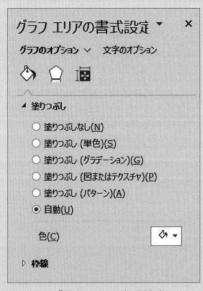

図3.58　「軸ラベルの書式設定」→
　　　　「塗りつぶし」の例

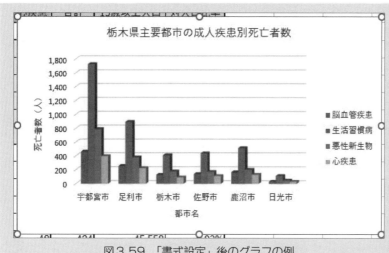

「フォント」：游ゴシック，「サイズ」：タイトル12ポイント，その他9ポイント

図3.59 「書式設定」後のグラフの例

操作 3-36　グラフ構成要素領域のサイズの変更・コピー・移動・削除

①サイズ変更：グラフ構成要素を指定→表示されたハンドルをドラッグし，サイズを調整する．

②コピー・移動：グラフ構成要素を指定→所定の位置までドラッグする．（コピーは [Ctrl] キー）

③削除：グラフ構成要素を指定→ [Delete] キーを押す．

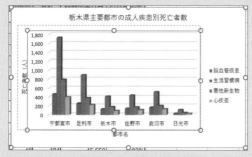

図3.60　プロットエリアを点線まで拡大した例

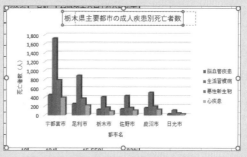

図3.61　グラフタイトルを点線まで移動した例

操作 3-37　グラフの種類の変更「グラフの種類」

①グラフエリア余白部で右クリックすると，ショートカットメニューが表示される（図3.62）．

②「グラフの種類の変更（Y）」をクリックする．グラフの種類の変更のダイアログボックスが表示される（図3.63）．

③グラフの種類を選択し，変更する．

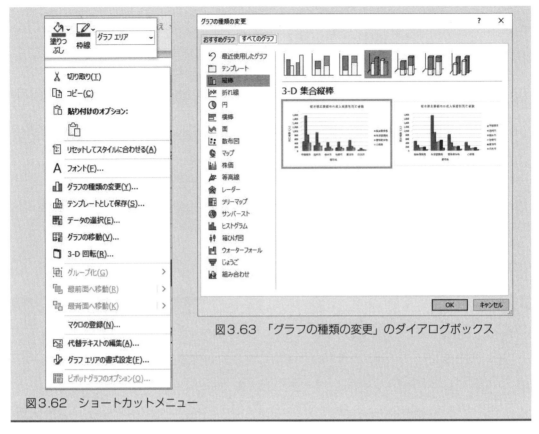

図3.62　ショートカットメニュー

図3.63　「グラフの種類の変更」のダイアログボックス

(6) X-Y グラフ

　実験結果のデータ等において，横軸も縦軸も変化する数値の場合がある．このような横軸 X と縦軸 Y の X-Y グラフは，エクセルでは「散布図」を指定して作成する．ここでは，次の例題 2 を用いて，X-Y グラフの作成について説明する．

例題 2　鉄のγ線透過率の測定値のグラフ

　γ線（線源はコバルト 60）の透過量を鉄に関してγカウンタで測定したデータを例にとって説明する．図 3.64 は鉄の厚さに対するγ線の 1 分間のカウント（CPM）と補正を行った正味係数率，鉄の厚さ 0mm での CPM を 1.0 とした時の相対値の変化の表をエクセルのシートに入力したものである．これで，X-Y グラフを作成する．

	A	B	C	D
1		鉄の計測値		
2	鉄厚さ (mm)	cpm	正味 計数率	相対値
3	0.0	41307	40449	1.000
4	4.0	37067	36209	0.895
5	8.0	33183	32325	0.799
6	12.0	28446	27988	0.692
7	16.0	25802	24944	0.617
8	20.0	23193	22335	0.552
9	32.0	17359	16501	0.408
10	40.0	14407	13549	0.335
11	52.0	11044	10186	0.252
12	64.0	8614	7756	0.192
13	76.0	7183	6325	0.156
14	92.0	5809	4951	0.122
15	100.0	5537	4679	0.116

図3.64　鉄の計測値の入力データ

操作 3-38　X-Y グラフの作成

①グラフにする範囲を選択する．（例：セル A2 ～ D15 をドラッグして選択する）

②リボン「挿入」タブ「グラフ」グループ「散布図」をクリックする．

③散布図（直線とマーカー）を選択する（図 3.65）.

④グラフが表示される（図 3.66）.

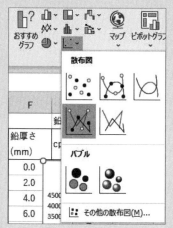

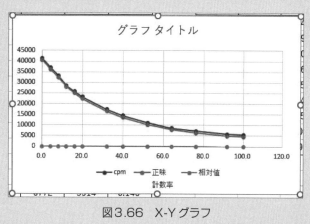

図3.66　X-Y グラフ

図3.65　散布図（直線とマーカー）を選択

（7）第 2 軸・対数目盛の表示

　数値が大きく異なる 2 系列のデータを同一プロットエリアに表示する場合は，左の主軸の他に右に 2 番目の軸（第 2 軸と呼ぶ）を作成しておくとグラフが見やすくなる．また，最大・最小が大きく変化する場合は対数目盛を用いると便利である．

　この操作は，「散布図」「折れ線」の場合のみ有効である．

操作 3-39　第 2 軸の作成

①対象とするグラフ線をクリックして指定する．（例：相対値のマーカーをクリックする）

②右クリックし，ショートカットメニューの「データ系列の書式設定」をクリックする．

③「系列のオプション」→「使用する軸」で「第 2 軸」を選択→「閉じる」をクリックする．

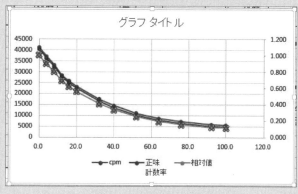

図3.67　第 2 軸の作成

操作 3-40　対数目盛

①対象とする軸をクリックして指定する．（例：第２軸をクリック）

②右クリックし，ショートカットメニューの「軸の書式設定」を指定する．

③「軸のオプション」を選択し，「対数目盛を表示する（L）」にチェックをつける．

④「閉じる」ボタンをクリックする．

軸の書式設定

軸のオプション ∨　文字のオプション

▲ 軸のオプション

境界値

最小値(N)　`0.01`　リセット

最大値(X)　`1.0`　自動

単位

主(J)　`10.0`　自動

補助(I)　`10.0`　自動

横軸との交点

◉ 自動(O)

○ 軸の値(E)　`0.0`

○ 軸の最大値(M)

表示単位(U)　なし

☐ 表示単位のラベルをグラフに表示する(S)

☑ 対数目盛を表示する(L)　基数(B)　`10`

☐ 軸を反転する(V)

▷ 目盛

▷ ラベル

▷ 表示形式

図3.68　軸の書式設定

グラフ タイトル

図3.69　第２軸を対数目盛で表示した例

> 「対数目盛を表示する」を設定し，最小値：0.01，最大値：1.0を設定した例．

(8) 近似曲線の表示

折れ線・散布図等でプロットされたデータ（計測値等）の近似曲線を指定し，グラフ線上に表示することができる．

近似曲線の種類：線形近似，対数近似，累乗近似，指数近似，多項式近似（多項式の次数を指定：1～6次），移動平均（移動平均の区間を指定：2,3区間）

操作 3-41　近似曲線

①グラフ線をクリックして指定する．（例：相対値のマーカーをクリックする）

②右クリックしてショートカットメニューを表示させる．

③「近似曲線の追加」をクリックする（図3.70）.

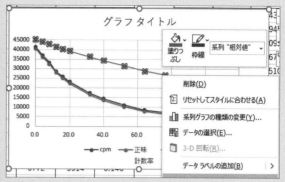

図3.70　近似曲線の追加

④作業ウィンドウ上で近似曲線の種類を指定する（図3.71）.
⑤「OK」をクリックする.

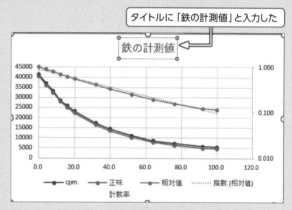

図3.72　近似曲線を表示したグラフの例

図3.71　指数近似を選択した例

（9）異なるデータ表のデータを1つのグラフへ追加表示

　実験等で得た計測値のデータ表を X-Y グラフ（散布図）を用いてグラフ化する場合，通常，計測点の設定が異なるデータ表を1つのグラフに表示することは困難である．しかし，次の方法で比較的簡単に異なるデータ表を1つのグラフに表示させることができる.

例題3　鉄・鉛・レンガのγ線透過率のグラフ

　例題2で扱った鉄のγ線の透過量の計測値（図3.64）に加えて，鉛とレンガに関して同様に測定したデータを使い，異なる3つの表のデータ（ここでは相対値）を1つに表示させたグラフを完成させる．図3.73が鉛の計測値で図3.74がレンガの計測値である.

F	G	H	I
	鉛の計測値		
鉛厚さ (mm)	cpm	正味 計数率	相対値
0.0	41343	40485	1.000
2.0	34867	34009	0.840
4.0	31666	30808	0.761
6.0	29027	28169	0.696
8.0	26051	25193	0.622
10.0	21526	20668	0.511
12.0	18114	17256	0.426
14.0	15596	14738	0.364
16.0	12185	11327	0.280
18.0	9749	8891	0.220
20.0	8175	7317	0.181
22.0	6772	5914	0.146
24.0	5839	4981	0.123

図3.73 鉛の計測値の入力データ

K	L	M	N
	レンガの計測値		
レンガ厚 さ(mm)	cpm	正味 計数率	相対値
0.0	41295	40437	1.000
30.0	37803	36945	0.914
60.0	32949	32091	0.794
120.0	23533	22675	0.561
180.0	16368	15510	0.384
210.0	13300	12442	0.308
240.0	11399	10541	0.261
270.0	9914	9056	0.224
300.0	8758	7900	0.195

図3.74 レンガの計測値の入力データ

操作 3-42 異なるデータ表のデータを 1 つのグラフへ追加表示

1 つ目の表からグラフを作成する.

①グラフにする範囲指定する.（例：セル A2 〜 A15 とセル D2 〜 D15）

②リボン「挿入」タブ「グラフ」グループ「散布図」をクリックする.

③散布図（直線とマーカー）をクリックする（図 3.65）.

④グラフが表示される（図 3.75）.

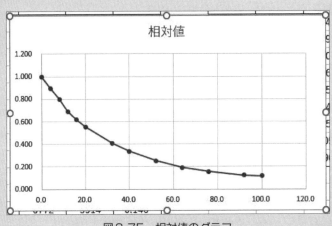

図3.75 相対値のグラフ

　ここから，現在表示されているグラフに別表にある 2 本のグラフを追加表示させる. まず，現在表示されているグラフの系列名を鉄に変更する.

①グラフをクリックする.

②右クリックしてショートカットメニューを表示させる.

③「データの選択（E）」をクリックする.「データソースの選択」のダイアログボックスが表示される.

④「凡例項目（系列）（S）」の中の「相対値」をクリックする.

⑤「編集」を押す.

⑥系列の編集ダイアログボックスが表示される．系列名を「鉄」に変更し，「OK」ボタンを押す（図3.76）.

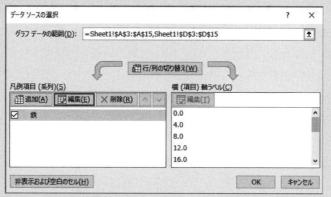

図3.76　データソースの選択のダイアログボックス（系列名を鉄に変更）

鉛の表のデータ（図3.73）を追加する.

⑦「凡例項目（系列）（S）」の中の「追加」ボタンをクリックする.

⑧系列の編集ダイアログボックスが表示される.

「系列名」：「鉛」と入力する.

「系列Xの値」：入力枠の右にある⬆ボタンをクリックして，鉛の表から厚さ（X軸）のデータ部の範囲を選択する.（例：セルF3～F15をドラッグして「系列の編集」ダイアログボックスの⬇ボタンをクリックする. 図3.77）

「系列Yの値」：入力枠の右にある⬆ボタンをクリックして，鉛の表から相対値（Y軸）のデータ部の範囲を選択する.（例：セルI3～I15をドラッグして「系列の編集」ダイアログボックスの⬇ボタンをクリックする）

F	G	H	I	J	K
	鉛の計測値				
鉛厚さ (mm)	cpm	正味 計数率	相対値		レンガ さ(mm
0.0	41343	40485	1.000		0.0
2.0	34867	34009	0.840		30.0
4.0	31666	30808	0.761		60.0
6.0	29027	28169	0.696		120.
8.0	26051	25193	0.622		180.
10.0	21526	20668	0.511		210.
12.0	18114	17256	0.426		240.
14.0	15596	14738	0.364		270.
16.0	12185	11327	0.280		300.
18.0					
20.0					
22.0	6772	5914	0.146		
24.0	5839	4981	0.123		

系列の編集　？　✕

=Sheet1!$F$3:$F$15　⬇

図3.77　X軸データの範囲選択例

⑨「OK」をクリックする（図3.78）.

レンガの表のデータ（図3.74）を追加する.

⑩「凡例項目（系列）（S）」の中の「追加」ボタンをクリックする.

⑪系列の編集ダイアログボックスが表示される.⑧と同様に各項目を設定する.

「系列名」:「レンガ」と入力する.

「系列Xの値」:レンガの表から厚さ（X軸）のデータ部の範囲を選択する.（例:セルK3～ K15を範囲選択する）

「系列Yの値」:レンガの表から相対値（Y軸）のデータ部の範囲を選択する.（例:セルN3～ N15を範囲選択する）

⑫「OK」をクリックする.「データソースの選択」のダイアログボックスが表示される（図3.79）.

⑬「OK」をクリックする.表示されるグラフを図3.80に示した.

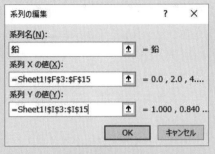

図3.78 系列の編集ダイアログボックスの設定例

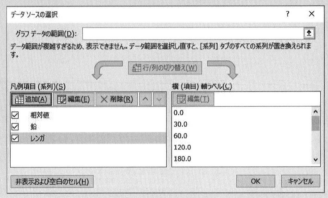

図3.79 鉄のデータに鉛とレンガのデータが追加された

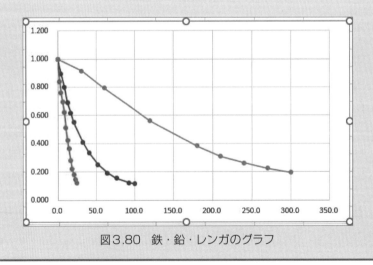

図3.80 鉄・鉛・レンガのグラフ

続いて，このグラフを次の手順で編集する.

操作 3-43　グラフの編集

グラフタイトル・縦横軸ラベルの追加：

①タイトルをつけるグラフをクリックする.

②リボン「グラフのデザイン」タブ「グラフのレイアウト」グループの「グラフ要素を追加」ボタンをクリック.

③「グラフタイトル」をクリック. タイトルの位置を選択する.（例：グラフの上）

④「グラフタイトル」と書かれた枠をクリックして，文字を編集する.（例：「Co-60 における相対減衰率」と入力する）

⑤操作 3-30 の手順に従い, 軸ラベルを追加する.（例：横軸：「第 1 横軸」を選択し「厚さ (mm)」という文字を追加, 縦軸：「第 1 縦軸」を選択し,「相対値」という文字を追加する）

フォントの設定：

①操作 3-35 の手順に従い, フォントの書式を変更する.

（例：「フォント」:「游ゴシック」,「サイズ」:「グラフタイトル」- 12 ポイント, その他 - 9 ポイント,「スタイル」:「グラフタイトル」と「縦・横軸ラベル」を「太字」）

目盛の設定：

①縦軸を右クリック→ショートカットメニュー「軸の書式設定」をクリックする.

②軸の書式設定の作業ウィンドウが表示される.

　「軸のオプション」

　　・「最小値」=0.1「最大値」=1.0

　　・「対数目盛を表示する」を指定する.

　　・「横軸との交点」:「軸の値」= 1.0

③「OK」をクリックする（図 3.81）.

④縦軸を右クリック→ショートカットメニュー「補助目盛線の追加」をクリックする.

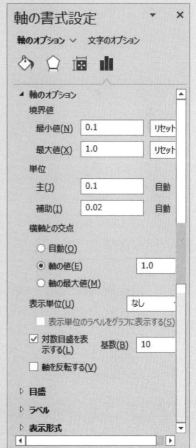

図 3.81　軸の書式設定の例

⑤横軸を右クリック→ショートカットメニュー「軸
の書式設定」をクリックする.

⑥軸の書式設定のダイアログボックスが表示される.

「軸のオプション」
・「最小値」＝0「最大値」＝350
・「横軸との交点」：「軸の値」＝0.0

「ラベル」
・「ラベルの位置」：「下端／左端」

⑦「閉じる」をクリックする（図3.82）.

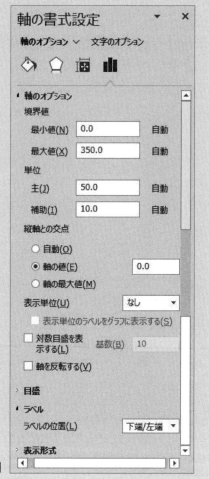

図3.82 横軸の書式設定の例

図3.83に3つの表のデータを1つに表示したグラフの完成例を示す.

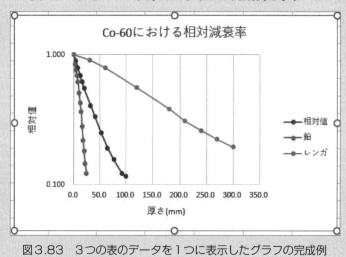

図3.83 3つの表のデータを1つに表示したグラフの完成例

3.3.7 図形の挿入

　表計算ソフトで作成した，データ表やグラフに図形を挿入して，作成した資料をより視覚的に見やすいものにすることができる．この機能はワードプロセッサソフトやプレゼンテーションソフトと同じ機能であるので，データ表やグラフ作成時に使用する機能操作の簡単な説明のみを行う．

(1) 図形の作成

　図形を作成する場合は，リボン「挿入」タブの「図」グループ「図形」ボタンをクリック，表示される図形の一覧のボタンをクリックして作成する．

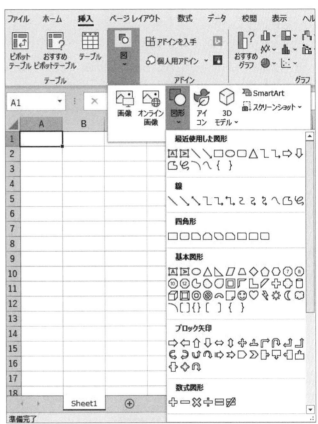

図3.84　図形の一覧

よく使う「直線」，「矢印」，「四角形」，「楕円」に関して説明する．

操作 3-44　図形の作成

①「線」グループの「直線」◯「矢印」◯→ドラッグする．（始点 - 終点に線）

②「四角形」グループ「四角形」◯，基本図形グループ「楕円」◯→対角線をドラッグする．（始点 - 終点を対角線とした図形）

③同様に「最近使用した図形」「線」「四角形」「基本図形」「ブロック矢印」「数式図形」「フローチャート」「星とリボン」「吹き出し」の各グループから描きたい図形を選択してクリックし，描きたい場所でドラッグし，始点 - 終点を対角線とした図形を作成する．

（2）図形の編集

　図形の編集は，まず編集する図形をクリックして指定する．するとリボンに書式タブが表示され，簡単にデザインを変更できるようになっている．また，右クリックして表示されるショートカットメニューを用いて変更することも可能である．

操作 3-45　図形内への文字の挿入

　作成された図形内に文字を挿入することも可能である．（線，コネクタは不可）

　図形内に文字を挿入する場合は，

①**図形内で右クリックする．**

②**表示されたショートカットメニューの「テキストの編集」をクリックする．**

③**文字を入力（②は省略可能．図形作成直後に文字入力が可能）**

操作 3-46　図形の移動

①**図形をクリックして指定する．**

②**ドラッグして移動する（ポインターは上下左右の矢印）．**

操作 3-47　図形の回転

①**図形をクリックして指定する．**

②**表示される回転矢印のハンドルをドラッグして回転する（図3.85）．**

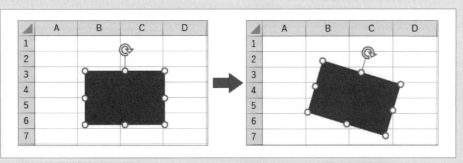

図3.85　図形の回転

操作 3-48　図形の変形

　図形作成時に四角のハンドルが表示され，そのハンドルをドラッグする．

　（図形作成後は，図形周辺をクリックして四角のハンドルを表示）

　「吹き出し」図形の吹き出しの長さ・方向の変更が可能．

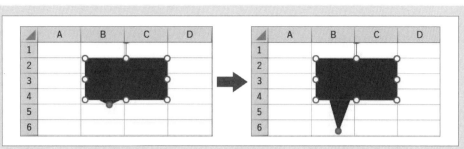

図3.86　黄色ハンドルをドラッグして変形する

操作 3-49　サイズの変更

①図形をクリックして指定する.

②四隅または枠中央の白色のハンドルをドラッグする.

操作 3-50　輪郭線の変更

①図形をクリックして指定する.

②リボン「書式」タブ「図形のスタイル」グループの「図形の枠線」ボタン（ 📝 図形の枠線 ▾ ）をクリックする.

③線幅：「太さ（W）」を選択し，クリックする. →太さを選択する.

④線種：「実線 / 点線（S）」を選択し，クリックする. →「実線」「点線」などの線種を選択する.

⑤矢印（直線・矢印のみ）：「矢印（R）」を選択し，クリックする. →矢印スタイルを選択する.

⑥色：パレットから色を選択し，クリックする.

操作 3-51　図形の効果

①図形をクリックして指定する.

②リボン「書式」タブ「図形のスタイル」グループの「図形の効果」ボタン（ 🔵 図形の効果 ▾ ）をクリックする.

③「標準スタイル」「影」「反射」「光彩」「ぼかし」「面取り」「3-D 回転」から選択し，クリックする. それぞれに選択肢が表示されるのでクリックして選択する.

操作 3-52　図形の塗りつぶし色の変更

①図形をクリックして指定する.

②リボン「書式」タブ「図形のスタイル」グループの「図形の塗りつぶし」ボタン（ 🔷 図形の塗りつぶし ）をクリックする.

③背景色：パレットから選択する.

④「図」「グラデーション」「テクスチャ」などから選択し，クリックする.

⑤それぞれに選択肢が表示されるのでクリックして選択する.

操作 3-53　図形の書式設定

①図形を指定して右クリックしショートカットメ
ニューを表示させる.

②「図形の書式設定」をクリックすると作業ウィ
ンドウが表示される．この作業ウィンドウ上で
図形の書式の変更を行うことも可能である.

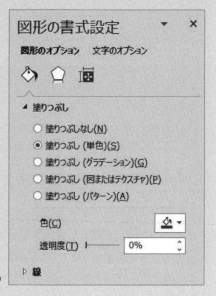

図3.87　図形の書式設定の作業ウィンドウ

---

(3) 図形の配置

リボン「書式」タブ「配置」グループにあるボタンを使って，図形配置を変更できる.

操作 3-54　複数図形のグループ化

複数図形を1つの図形としてグループ化して，それらを1つの図形として編集可能にする.

①グループ化する複数図形を指定する（Shift キーを押しながらクリックする）.

②リボン「書式」タブ「配置」グループにある「グループ化」ボタン（ グループ化 ）をクリッ
クする．または，右クリック→ショートカットメニューの「グループ化」→「グループ化」
をクリックする．（「グループ解除」，「再グループ化」をクリックすることにより解除，再設
定が可能）

操作 3-55　重なった複数図形の前・後表示順序の設定

①重なった複数図形の1つをクリックして指定.

前面へ移動：

②リボン「書式」タブ「配置」グループにある「最前面へ移動」をクリックし，「最前面へ
移動」または，「前面へ移動」をクリックする.

背面へ移動：

③リボン「書式」タブ「配置」グループにある「最背面へ移動」をクリックし，「最背面へ移動」または「背面に移動」をクリックする．

（右クリック→ショートカットメニューの「最前面へ移動」または「最背面へ移動」でも同様の設定が可能.）

操作 3-56　図形の位置の調整

リボン「書式」タブ「配置」グループにある「配置」ボタン（ 配置 ⌄ ）をクリックすると表示されるメニュー（図 3.88）を用いて図形の位置を調整できる．

図3.88 「配置」のメニュー

「枠線に合わせる」

図形の位置合わせを枠線に合わせるか合わせないか選択することができる．

①位置を変更する図形をクリックして指定する．

②リボン「書式」タブ「配置」グループにある「配置」ボタンをクリックする．

③「枠線に合わせる」をクリックする．図形をドラッグして移動する際，枠線に合わせて移動するようになる．

「配置 / 整列」

①整列させる複数図形をクリックして指定する．

②リボン「書式」タブ「配置」グループにある「配置」ボタンをクリックする．

③表示されたメニュー（図 3.88）から左右の揃え，上下の揃え，左右の整列，上下の整列などをクリックする．

操作 3-57　図形の位置の回転 / 反転

「回転 / 反転」

①回転 / 反転させる図形をクリックして指定する．

②リボン「書式」タブ「配置」グループにある「回転」ボタン（ 回転 ⌄ ）をクリックする．

③表示されたメニュー（図3.89）から「右へ90度回転」「左へ90度回転」「上下反転」「左右反転」などを選択し，クリックする．

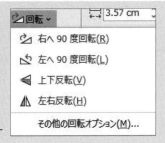

図3.89　「回転」のメニュー

（4）テキストボックスの作成

　データ表やグラフを作成した後，その説明文などの文章を作成して，表計算ソフトの画面上に枠を付けて挿入することができる．この場合はリボン「挿入」タブの「テキスト」グループにある「テキストボックス」ボタン（🅰テキストボックス）を用いる．

　作成されたテキストボックスは，図形と同じように取り扱うことができる．したがって，作成後にテキストボックス内の文章と共に,前述（「3.3.6（2）図形の編集」）の図形の編集操作が可能である．

　テキストボックスは次の手順で作成する

> **操作 3-58　テキストボックスの作成**
>
> ①リボン「挿入」タブの「テキスト」グループにある「テキストボックス」ボタンの下の矢印（▼）をクリックする．
> ②「横書きテキストボックス」（🅰 横書きテキスト ボックスの描画(H)）または「縦書きテキストボックス」（🔲 縦書きテキスト ボックス(V)）を選択しクリックする．
> ③作成位置でテキストボックスの対角線上にドラッグする．
> ④テキストボックス内に文章を入力，または他のソフトで作成した文章をコピーする．
> ⑤テキストボックス内の文章を編集する場合は，編集する部分をクリックし修正する．

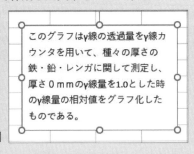

図3.90　テキストボックスの例

（5）既存のイラスト，絵，写真の挿入

　あらかじめ作成されたイラスト，絵，写真等をファイルに保存しておき，そのファイルからそれらをシート上に挿入することができる．通常の表計算ソフトはよく使用するイラストや絵のファイルが用意されているので,それらを利用することができる．ここで説明に用いているExcelでは「クリップアート」のファイル内にそれらが用意されている．各自があらかじめ絵や写真のファイルを用意する場合は，ディジタルカメラで撮った写真あるいはイラスト，絵，写真等をイメージスキャナで読みとり，ディジタル化してファイルに保存しておく．

次の手順でイラスト，絵，写真等をシートに挿入する．

操作 3-59　イラスト，絵，写真の挿入

①リボン「挿入」タブの「図」グループにある「オンライン画像」ボタン（🖼）（クリップアートなどを使用する場合）または，「画像」ボタン（🖼）（他のファイルを使用する場合）を選択し，クリックする．

②表示されたダイアログボックスから図を選択する（図 3.91，図 3.92）．

③表示された図またはイラストのハンドルをドラッグしてサイズを変更，ドラッグして位置を設定する．

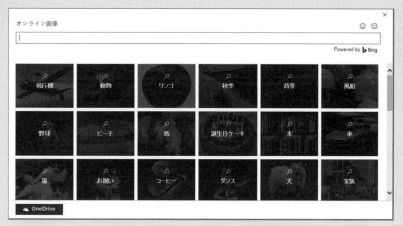

図 3.91　「クリップアート」の挿入

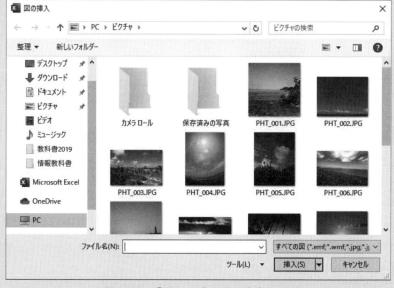

図 3.92　「図」のダイアログボックス

(6) ワードアートの作成

　装飾文字列を挿入する場合は，ワードアートの機能を利用する.

　次の手順でワードアートが作成できる.

操作 3-60　ワードアート

　①リボン「挿入」タブの「テキスト」グループにある「ワードアートの挿入」ボタン（ $\boxed{A}$ ）

　　をクリックする. 装飾文字例（図3.93）が表示されるので選択し，クリックする.

　②「ここに文字を入力」と書いた四角形が表示されるので（図3.94），その文字をクリック

　　して編集する.

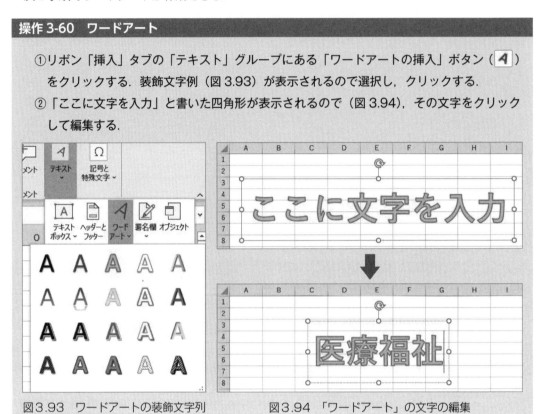

　図3.93　ワードアートの装飾文字列　　　図3.94　「ワードアート」の文字の編集

3.3.8　印刷

　表計算ソフトの印刷機能を用いると，通常，改頁は自動的に設定され，シート上のすべての内容が印刷される. したがって，改頁を所定の位置で行うためには，「ページ設定」を行ってから印刷する必要がある. また，グラフを指定したまま印刷すると，その指定されたグラフのみが1ページ全面に印刷されるのでグラフの指定を解除してから印刷する必要がある.

　印刷するときに，すべての頁に作成日，ファイル名，作成者名等を挿入する必要が生ずることがある. この場合は，ヘッダー（最上部）やフッター（最下部）に必要項目を入力しておくと，その内容が全頁に印刷されるため，利用すると便利である.

　また，作成時に指定した用紙サイズと異なる用紙に印刷する場合，印刷時に用紙指定を行うと，その用紙に合うように自動的に拡大・縮小して印刷される.

(1) ヘッダー・フッターの挿入

　ヘッダー・フッターは次の手順で作成しておくと，印刷時に内容が全頁に挿入される.

操作 3-61　ヘッダー・フッターの挿入

①リボン「挿入」タブ「テキスト」グループにある「ヘッダーとフッター」ボタン（ ）をクリックする.

②リボンに「デザイン」タブが表示され, ヘッダーの編集が可能になる（図 3.95）.

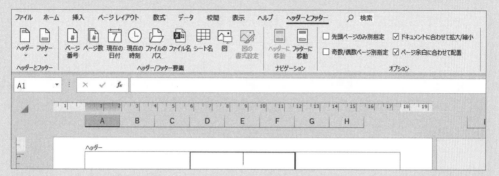

図3.95　リボンに表示された, ヘッダーとフッターに関するボタン（ヘッダーの編集が可能になる）

③ヘッダー部の「左側」「中央部」または「右側」をクリックして必要な内容を入力する.
ヘッダー部およびフッター部には「ページ番号」「ページ数」「現在の日付」「現在の時刻」「ファイルのパス」「ファイル名」「シート名」「図」を設定できる.（例：ヘッダー部「右側」に現在の日付を設定する.　図 3.96）

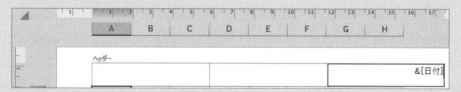

図3.96　ヘッダー部「右側」に「現在の日付」を設定した例

④必要に応じて, フッターに移動ボタンをクリックする.
（例：フッター部「中央」にページ番号を設定する.　図 3.97）

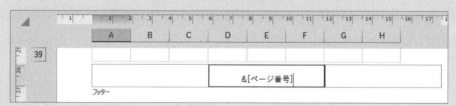

図3.97　フッター部「中央部」に「ページ番号」を設定した例

この状態で表示の状態が「ページレイアウト」モードになっているので, 次の手順で「標準」モードに戻す.

⑤空いた任意のセルをクリックする.

⑥リボン「表示」タブをクリックする.

⑦「ブックの表示」グループにある「標準」ボタン（ ）をクリックする.

(2) ページ設定

　印刷する前に1頁に収める範囲等（ページ設定）を指定しておくと，見やすい資料が作成できる．ページ設定を行う場合は，次の手順で行う．

操作 3-62　ページ設定

①リボン「ページレイアウト」タブをクリックする．

②「ページ設定」グループにある項目のボタンをクリックしてページの設定を行う（図3.98）．

　「余白」 ………………… 上下左右，ヘッダー・フッター部の「余白」を設定する．

　「印刷の向き」 ………「縦」「横」を選択する．

　「サイズ」 …………… 用紙サイズを選択する．

　「印刷範囲」 ………… 印刷範囲の設定を行う（次の節で説明する）．

　「改ページ」 ………… 強制的に改頁を行う設定をする．

　「背景」 ……………… シートの背景に表示するイメージを選択する．

　「印刷タイトル」 …… 各ページに印刷されるタイトルを設定する．

③必要に応じて「拡大縮小印刷」グループの「拡大縮小」の項目で拡大縮小をパーセントで設定する．

図3.98　「ページレイアウト」タブ「ページ設定」「拡大縮小印刷」「シートのオプション」の各グループのボタン

---

(3) 印刷範囲の設定

　通常表計算ソフトでは，印刷範囲を指定しないと1つのシートの内容すべてを印刷する．必要な部分のみを印刷する場合は，印刷範囲の指定を行う．印刷範囲の指定は下記の手順で行う．

操作 3-63　印刷範囲の設定

①画面上で印刷範囲をドラッグして範囲指定する．

②リボン「ページレイアウト」タブをクリックする．

③「ページ設定」グループにある「印刷範囲」をクリックする．

④「印刷範囲の設定」または「印刷範囲のクリア」（設定解除）を選択し，クリックする．

---

(4) 印刷プレビュー

　印刷のための各種の設定を行った後，印刷内容を確認しておくと不必要な印刷をなくすことができる．印刷前に必ず「印刷プレビュー」で印刷内容を確認することを勧める．下記の手順で「印刷プレビュー」を行う．

操作3-64　印刷プレビュー

①「ファイル」タブをクリックし，「印刷」ボタンをクリックする．
②印刷イメージの画面が表示される（図3.99）．
③もし不都合な箇所があれば，各種ボタンで修正する．

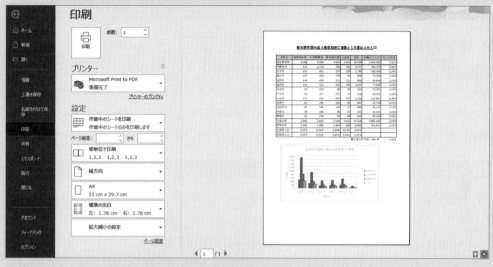

図3.99　印刷プレビューの画面

「印刷プレビュー」の各種ボタンの機能

「印刷」 …………… 印刷の実行

「プリンター」 …… プリンターの選択

「設定」 …………… 印刷の範囲の設定，部
単位で印刷かページ単
位での印刷か，印刷の
方向，用紙のサイズ，
余白，拡大縮小の設定
を変更するためのボタ
ンが表示される．

「ページ設定」 …… 「ページ設定」ダイア
ログボックスが表示さ
れ，各種設定を変更可
能である（図3.100）．

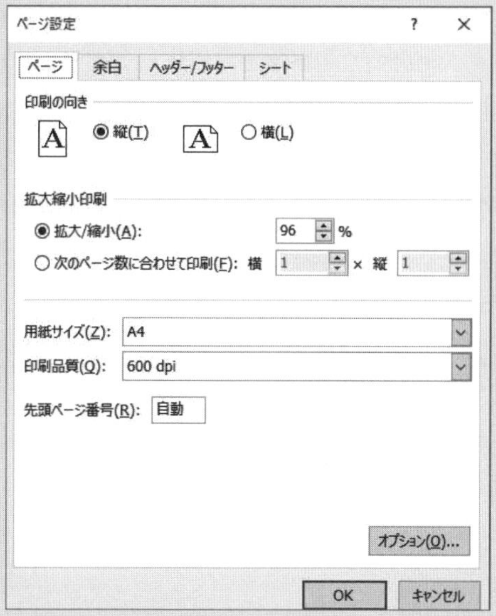

図3.100　ページ設定ダイアログボックス

(5) 印刷の実行

「印刷プレビュー」確認後，下記の手順で印刷を実行する．

操作 3-65　印刷の実行

①「印刷」ボタンをクリックする．

---

(6) グラフのみの印刷

　グラフエリアのみを１ページに印刷する場合は，シート上でグラフエリアをクリックして印刷するグラフを指定すると，１ページに収まるように印刷できる（グラフ上で作業していて，グラフの指定を解除しないまま印刷すると，グラフのみしか印刷できないので注意する必要がある）．

　下記の操作手順で，グラフのみの印刷を行う．

操作 3-66　グラフのみの印刷

①印刷対象のグラフをクリックして指定する．

②オフィスボタンをクリックし，「印刷」ボタンをクリックする．

③「印刷」のダイアログボックス上で必要な項目を設定する．

ページ設定等は不要で，グラフが１ページ全面に表示されるよう自動的に設定される．

④「OK」をクリックする．

3.3.9　データベースの操作

　病院等で毎日発生する検査関連データ，治療関連データ，病院管理データ等をコンピュータに入力し，患者別，部門別等に分類して保存しておく基本となるデータ格納場所をデータベースと呼んでいる．したがって，データベースの内容は基本となるすべてのデータが，入力されたままの生データとして保存されたものであり，常に新しいデータが追加され，非常に大きな表となる．

　表計算ソフトには，この基本となるデータを基に各部門，各担当者が必要とするデータのみを抽出して表を作成したり，データベース内のある条件に適合したデータのみを抽出し，新しい表を作成し，分析するのに便利な機能が用意されている．

　表計算ソフトでは，データベースの表全体をリスト（list）またはテーブル（table）と呼び，行単位の一連のデータをレコード（record），列単位の一連のデータをフィールド（field）と呼ぶ場合がある．また，列の項目名の入力されている行をタイトル（title）行とも呼んでいる（図3.101）．

市町村	脳血管疾患	生活習慣病	悪性新生物	心疾患
宇都宮市	461	1724	790	396
足利市	255	891	379	224
栃木市	127	410	178	91
佐野市	140	436	171	111
鹿沼市	166	513	201	130
日光市	30	113	49	30
今市市	93	317	137	73
小山市	135	565	263	147
真岡市	83	245	106	49
大田原市	85	248	100	57
矢板市	54	184	80	47
黒磯市	63	218	95	48
市部合計	1692	5864	2549	1403
郡部合計	1092	3485	1425	818

タイトル行
レコード
フィールド

図3.101　データベースのリスト

(1) 表の並べ替え（ソート：sort）

表のレコードを1つまたは複数のフィールドの数値の大きさによって昇順・降順に並べ替えることができる．この場合は基準となるフィールド（列）のタイトル行にある項目名（キー：keyと呼ぶ）を指定し，そのフィールドの数値によって並べ替えが行われる．文字列の場合は入力時の「ひらがな」の50音順に並べ替えが行われる．なお，範囲指定を行って並べ替えを行う場合は，タイトル行以外すべてのフィールドを指定しておかないと，範囲指定された部分のみが並べ替えられるため意味のないレコードが作成されることになるので，注意する必要がある．ここで次の例題を基に説明を進めることにする．この例題は，先に例題1で用いた表からデータ部分の一部を抜き出してコピーしたもの（例題1において，セルA3～E3とA5～E16をコピーし，新規作成したシートのA1に貼り付けたもの）である．

例題3　栃木県市部の成人疾患別死亡者数のデータの並べ替えおよびデータの抽出

図3.102に示したデータを元に疾患別で並べ替え，および，データの抽出を行え．

	A	B	C	D	E
1	市町村	脳血管疾患	生活習慣病	悪性新生物	心疾患
2	宇都宮市	461	1724	790	396
3	足利市	255	891	379	224
4	栃木市	127	410	178	91
5	佐野市	140	436	171	111
6	鹿沼市	166	513	201	130
7	日光市	30	113	49	30
8	今市市	93	317	137	73
9	小山市	135	565	263	147
10	真岡市	83	245	106	49
11	大田原市	85	248	100	57
12	矢板市	54	184	80	47
13	黒磯市	63	218	95	48

図3.102　並べ替え前の元データ

次の手順で「並べ替え」の操作を行う.

（a）1つの基準となる列（キー）に関しての並べ替え

操作 3-67　1つの基準となる列（キー）に関しての並べ替え

①タイトル行の基準となる列の項目名をクリックして指定（キーの指定）（例：B1 をクリックする.）

②リボン「ホーム」タブ「編集」グループ「並べ替えとフィルター」ボタン（ 並べ替えとフィルター ）をクリックする.

③下記の「並べ替え」ボタンをクリックする.（例：「昇順」ボタンをクリック. 図3.103）

「昇順」で並べ替え（ A↓ 昇順(S) ），「降順」で並べ替え（ Z↓ 降順(O) ）

	A	B	C	D	E
1	市町村	脳血管疾患	生活習慣病	悪性新生物	心疾患
2	日光市	30	113	49	30
3	矢板市	54	184	80	47
4	黒磯市	63	218	95	48
5	真岡市	83	245	106	49
6	大田原市	85	248	100	57
7	今市市	93	317	137	73
8	栃木市	127	410	178	91
9	小山市	135	565	263	147
10	佐野市	140	436	171	111
11	鹿沼市	166	513	201	130
12	足利市	255	891	379	224
13	宇都宮市	461	1724	790	396

図3.103　脳血管疾患を昇順で並べ替えした例

（b）複数の基準となる列（キー）に関しての並べ替え

操作 3-68　複数の基準となる列（キー）に関しての並べ替え

　この場合は，キーの優先順位を指定して行う. 第一優先順位のデータ値が同一であれば第二優先順位のデータ値の順序に従い並べ替えが行われる.

①対象とする表の指定（表内の1セルを指定，全体指定も可）（例：A1 をクリックする.）

②リボン「ホーム」タブ「編集」グループ「並べ替えとフィルター」ボタンをクリックする.

③「ユーザー設定の並べ替え」ボタン（ ユーザー設定の並べ替え(U)... ）をクリックする.

④「並べ替え」ダイアログボックスが表示される.

⑤「優先されるキー」の行で1つ目の条件を設定する.（例：「脳血管疾患」を順序「小さい順」）

⑥「レベルの追加」ボタンをクリックし，「次に優先されるキー」の行に2つ目の条件を設定する.（例：「心疾患」を「小さい順」）

⑦必要に応じ,「レベルの追加」ボタンをクリックし,条件を追加する.（例：「悪性新生物」を「小さい順」.図3.104参照.）

図3.104 並べ替えのダイアログボックス

⑧「OK」をクリックする（図3.105参照）.

	A	B	C	D	E
1	市町村	脳血管疾患	生活習慣病	悪性新生物	心疾患
2	日光市	30	113	49	30
3	矢板市	54	184	80	47
4	黒磯市	63	218	95	48
5	真岡市	83	245	106	49
6	大田原市	85	248	100	57
7	今市市	93	317	137	73
8	栃木市	127	410	178	91
9	小山市	135	565	263	147
10	佐野市	140	436	171	111
11	鹿沼市	166	513	201	130
12	足利市	255	891	379	224
13	宇都宮市	461	1724	790	396

図3.105 並べ替え結果（上記3条件により並び替えられた結果）

(2) データの抽出（フィルター：filter）

指定した条件に合致したレコード（行）のみを抽出する.次の条件が指定できる.

データが数値の場合：

「指定の値に等しい」「指定の値に等しくない」「指定の値より大きい」「指定の値以上」「指定の値より小さい」「指定の値以下」「指定の範囲内」「トップテン」「平均より上」「平均より下」「ユーザー設定フィルター」

データがテキストの場合：

「指定の値に等しい」「指定の値に等しくない」「指定の値で始まる」「指定の値で終わる」
「指定の値を含む」「指定の値を含まない」「ユーザー設定フィルター」

操作3-69 データの抽出

①対象とする表を指定する（表内の1セルを指定,全体指定も可）（例：A1をクリックする.）
②リボン「ホーム」タブ「編集」グループ「並べ替えとフィルター」ボタンをクリックする.

③「フィルター」ボタン（ 🔽 フィルター(E) ）をクリックする．

④表内のタイトル行の各項目名に「矢印」（▼）が表示される．

⑤項目名の「矢印」（▼）をクリック→「テキストフィルター」または「数値フィルター」ボタンをクリックする．（例：「脳血管疾患」の「数値フィルター」をクリック）

⑥条件に対応したボタンをクリックする．「オートフィルターオプション」ダイアログボックスが表示される．（例：「指定の範囲内」を選択する．）

⑦条件を設定し，「OK」をクリックする．

（例：85=< X <=166 を設定する．図3.106）

図3.106 「オートフィルターオプション」ダイアログボックス

⑧「OK」をクリックする．データが抽出される（図3.107）．

	A	B	C	D	E
1	市町村	脳血管疾患	生活習慣病	悪性新生物	心疾患
6	大田原市	85	248	100	57
7	今市市	93	317	137	73
8	栃木市	127	410	178	91
9	小山市	135	565	263	147
10	佐野市	140	436	171	111
11	鹿沼市	166	513	201	130

図3.107 データの抽出結果例

　元の表に戻す場合は，「項目名」右の矢印（▼）をクリックし，「"項目名"からフィルターをクリア」をクリックする．また，「フィルター」を解除する場合は，次の操作を行う．

操作 3-70　フィルターの解除

①リボン「ホーム」タブ「編集」グループ「並べ替えとフィルター」ボタンをクリックする．

②「フィルター」ボタン（ 🔽 フィルター(E) ）をクリックする．

　「項目名」右の矢印（▼）が消えて，表全体が表示される．

(3) データ表の「並べ替え」後の集計

　「並べ替え」を行った後，同一文字列データの他の数値フィールドの合計値，平均値を計算することができる．次の例題を元に集計の方法を説明する．

例題4　毎朝・昼のバイタルサインの測定データの集計

　図3.108は毎朝・昼・夜のバイタルサイン
を測定したデータである．このデータを元に，
測定項目（グループ）別に平均値を求めよ．また，
このデータを元に測定日と測定項目の平均値に
ついてクロス集計を行え．（なお，並べ替え等
の操作を行うと元データは変更されてしまうた
め，図3.108のデータをあらかじめコピーし
て2つ用意しておくと良い．）

	A	B	C	D
1	測定日	朝昼夜	測定項目	測定値
2	2019/7/6	朝	最高血圧	160
3	2019/7/6	朝	最低血圧	121
4	2019/7/6	朝	体温	37.8
5	2019/7/6	朝	脈拍	85
6	2019/7/6	昼	最高血圧	168
7	2019/7/6	昼	最低血圧	123
8	2019/7/6	昼	体温	38.1
9	2019/7/6	昼	脈拍	89
10	2019/7/6	夜	最高血圧	157
11	2019/7/6	夜	最低血圧	120
12	2019/7/6	夜	体温	37.5
13	2019/7/6	夜	脈拍	82
14	2019/7/7	朝	最高血圧	164
15	2019/7/7	朝	最低血圧	122
16	2019/7/7	朝	体温	37.9
17	2019/7/7	朝	脈拍	87
18	2019/7/7	昼	最高血圧	166
19	2019/7/7	昼	最低血圧	124
20	2019/7/7	昼	体温	38.2
21	2019/7/7	昼	脈拍	88
22	2019/7/7	夜	最高血圧	150
23	2019/7/7	夜	最低血圧	119
24	2019/7/7	夜	体温	37.6
25	2019/7/7	夜	脈拍	81

図3.108　集計する元データ

操作 3-71　データ表の「並べ替え」後の集計

①表内のデータを，キーを指定して並べ替える．（例：最優先されるキー「測定項目」，次に
　優先されるキー「測定日」）

②リボンの「データ」タブ「アウトライン」グループの「小計」ボタン（ 𝄢小計 ）をクリッ
　クする（ダイアログボックスが表示される）．

③「集計の設定」のダイアログボックス上で下記を設定する（図3.109参照）．

　「グループの基準」：列項目名を指定する．（例：測定項目を選択する）

　「集計の方法」：右矢印クリックで表示される一覧から選択する．（例：平均を選択する）

　「集計するフィールド」：一覧から選択する．（例：測定値を選択する）

　「現在の集計表と置き換える」の有無を指定する．

　「グループ毎に改ページ」の有無を指定する．

　「集計行をデータの下に挿入」の有無を指定する．

④「OK」をクリックする（図3.110に示すように集計結果が表示される）．

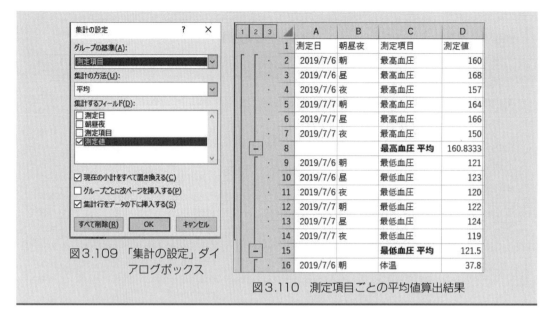

図3.109 「集計の設定」ダイ
アログボックス

図3.110 測定項目ごとの平均値算出結果

(4) クロス集計表の作成（ピボットテーブル：pivot table）

データベースのデータ表からグループ別にデータをまとめ，指定した方法でデータを集計，分析，比較し，作成して集計表（クロス集計表：pivot table）を作成することができる．先の例題4を元に集計表の作成方法を説明する．

操作 3-72 クロス集計表の作成

①対象とするデータ表内の1つのセルをクリックして指定する．（例：セルA1をクリック）
②リボン「挿入」タブ「テーブル」グループのピボットテーブルボタン（ ）をクリックする．ピボットテーブルの作成ダイアログボックスが表示される．
③「テーブルまたは範囲を選択」で，範囲を選択する．（例：A1 ～ D17 が絶対参照形式で指定される．）また，ピボットテーブル，レポートを配置する場所を選択する．
（例：新規ワークシートを選択する．）（図
3.111 参照）

図3.111 「ピボットテーブルの作成」
ダイアログボックス

④「OK」をクリックする. ワークシートの右側に「フィールドリスト」が表示される（図3.112 参照）.

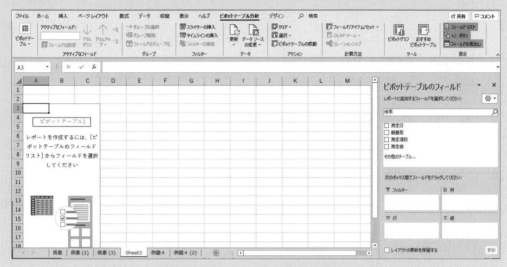

図3.112　フィールドリストの表示

⑤表示されている項目名（グループ名）をドラッグし，下記を指定する.

　・クロス集計表に挿入する項目名を「行」・「列」の枠に指定する.

　　（例：「測定日」を下の「行ラベル」の枠の中に，「測定項目」を下の「列ラベル」の枠の中にドラッグする）

　・クロス集計表に挿入する分析データの項目を「Σ値」枠に指定する.

　　（例：「測定値」を下の「Σ値」の枠の中にドラッグする）（図3.113参照）

図3.113　「行」「列」「Σ値」の設定

⑥「Σ値」枠に表示された項目名をクリックし，「値フィールドの設定」をクリックする．「値フィールドの設定」ダイアログボックスが表示される．集計・分析する方法は表示された一覧表（合計，平均，標準偏差，データの個数等）から選択する．（例：平均を選択する．図3.114）

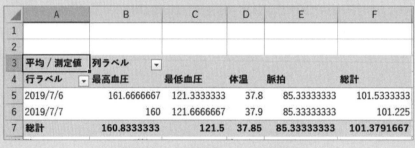

図3.114　「値フィールドの設定」
ダイアログボックス

⑦「OK」をクリックする．クロス集計表が表示される（図3.115）．

	A	B	C	D	E	F
1						
2						
3	平均 / 測定値	列ラベル				
4	行ラベル	最高血圧	最低血圧	体温	脈拍	総計
5	2019/7/6	161.6666667	121.3333333	37.8	85.33333333	101.5333333
6	2019/7/7	160	121.6666667	37.9	85.33333333	101.225
7	総計	160.8333333	121.5	37.85	85.33333333	101.3791667

図3.115　作成されたクロス集計表

(5) 頻度分布表の作成（ヒストグラム：histogram）

　種々のアンケート調査や集団検診等における検査値の表から，指定したデータ区間ごとの被検者数等の集計を行う機会が多い．頻度分布表の作成機能は，このような場合に有効である．

　頻度分布を作成する場合は，調査対象者・被検者ごとのデータ表と頻度分布を求めるデータ区間を指定した1列のみの表を基に，頻度を「データ区間」列の右の列に求める．次の例を元に説明する．

例題5　股関節の筋力の頻度分布表

　図3.116は股関節の外転，内転，屈曲，伸展の筋力の測定データである．このデータを元に，伸展における筋力について，データ区間5kgごとの頻度分布表とグラフ（ヒストグラム）を作成せよ．

	A	B	C	D	E	F
1	被験者	性別	外転	内転	屈曲	伸展
2	A01	女	21.2	18.6	25.9	55.3
3	A02	女	17.2	11.1	15.1	45.2
4	A03	女	20.8	14.4	25.7	48.9
5	A04	女	19.8	15.2	27.8	50.3
6	A05	女	15.8	8.1	17.5	29.8
7	A06	女	13.8	10.5	20.5	39.4
8	A07	女	12.7	8.3	18.2	37.6
9	A08	女	15.5	8.2	16.7	40.9
10	A09	女	13.2	7.1	14.3	35.2
11	A10	女	16.1	12.8	22.7	45.9
12	A11	男	15.9	10.2	18.5	41.4
13	A12	男	25.7	12.5	28.9	51.6
14	A13	男	18.6	12.4	21.7	45.2
15	A14	男	15.8	13.6	26.9	42.7
16	A15	男	22.5	15.9	28.1	51.3
17	A16	男	24.2	18.9	32.1	59.1
18	A17	男	22.1	20.1	39.5	68.1
19	A18	男	28.7	19.2	37.6	75.8
20	A19	男	28.7	19.2	37.6	75.8
21	A20	男	30.1	20.8	39.5	79.8

図3.116　股関節の筋力測定データ

操作 3-73　頻度分布表の作成

①シート上に「データ区間」を作成する（例：図3.117）.

	A	B	C
23		データ区間	
24		0	
25		5	
26		10	
27		15	
28		20	
29		25	
30		30	
31		35	
32		40	
33		45	
34		50	
35		55	
36		60	
37		65	
38		70	
39		75	
40		80	

図3.117　データ区間の例

②リボン「データ」タブ「分析」グループ「データ分析」ボタンをクリックし,「データ分析」
ダイアログボックスを表示させる.

「データ分析」ボタンが表示されない場合:

・「ファイル」タブ→「オプション」ボタンをクリックする.「Excel のオプション」ダイア
ログボックスが表示される.「アドイン」をクリックし,「設定」ボタンをクリックする.
（図3.118）

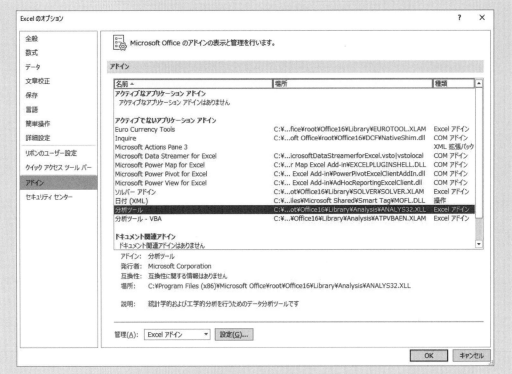

図3.118　Excelのオプション → アドイン

・表示された「アドイン」ダイアログボックスにおいて，「分析ツール」と「分析ツール
　VBA」にチェックを付ける．（図3.119）

・「OK」をクリックする．

③分析ツールのダイアログボックスから「ヒストグラム」を選択する（図3.120）．

④「OK」をクリックする．

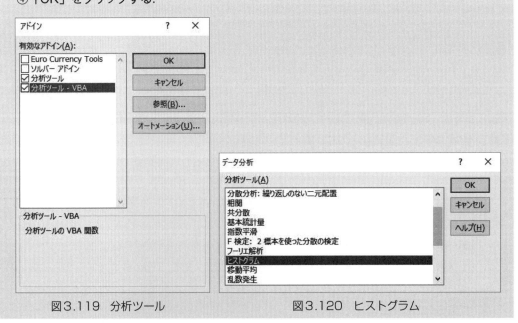

図3.119　分析ツール　　　　　　　　　図3.120　ヒストグラム

⑤表示された「ヒストグラム」のダイアログボックス上から下記項目の内容を指定する（図3.121 参照）.

・入力範囲：頻度分布を求めるデータを指定する（入力枠右の ▣ をクリックして範囲指定）.（例：セルF1 〜 F21 を範囲指定する）

データ区間：データ区間を指定（入力枠右の ▣ をクリックして範囲指定）.（例：セルB23 〜 B40 を範囲指定する）

データに項目名が含まれる場合は「ラベル」にチェックする.（例：「ラベル」にチェックする）

・出力オプション：求めた頻度分布データを出力する位置を指定（例：新規ワークシートを選択する）.

・下記項目に関して，作成の必要性の有無を指定する.

「パレート図」,「累積頻度分布の表示」,「グラフ作成」

（例：「グラフ作成」にチェックを付ける）

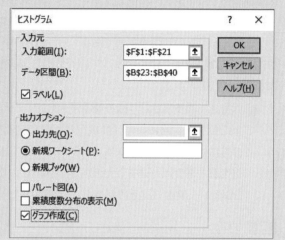

図3.121 「ヒストグラム」のダイアログボックス

⑥「OK」をクリックする. 頻度分布表が指定した出力先に表示される（図 3.122 参照）.

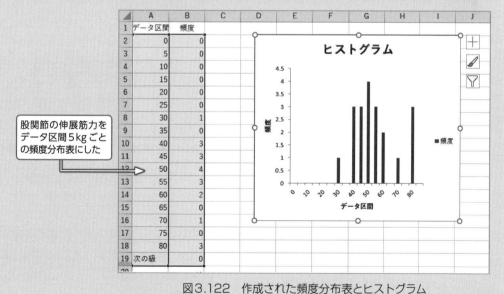

股関節の伸展筋力をデータ区間5kgごとの頻度分布表にした

図3.122 作成された頻度分布表とヒストグラム

3.3.10　表計算ソフトの使用例

　前節で表計算ソフトの操作に関する説明を終わるが，医療機関や医療福祉系大学等の現場で収集される種々のデータの整理・分析等に有効な例を挙げておく．表計算ソフトの操作練習に利用されたい．

　なお，例として用いたデータは病院等の実データではなく，大学での実験や研究活動で取得したデータを用いている．

(1) アンケート調査の集計の例

　医療福祉系ではアンケート調査を行い，患者の意識を把握して業務の改善等に利用する場合が多い．アンケートの集計は，回答者が多いと意外と大変な作業となる．作業の効率と正確性を高めるため，表計算ソフトの利用が有効である．

　アンケート調査では，設問に対していくつかの回答欄を用意し，1つの回答を求める場合と複数回答を許す場合とがある．

　1つの回答を求める場合は，回答欄番号を設定し，その番号を回答者ごとのフィールドに入力し，データ区間を回答欄番号にして「頻度分布」（ヒストグラム）機能を用いて「頻度分布」表を作成する．この方法は数値回答を要求する設問にも利用できる．

　複数回答を許す場合は，回答した回答欄（列）上のセルに文字（例えば「X」）を入力し，回答欄ごとに「COUNT」関数（文字の頻度は「COUNTA」関数）で頻度を集計する．

例　下記は，3つの設問を用意したアンケート調査の例である．図3.123に入力データを図3.124に集計結果を掲げておく．

・「設問Ⅰ」，「設問Ⅱ」は5つの回答欄から1つの回答を要求する設問である．
　集計は「頻度分布」（ヒストグラム）を用いて行う．

・「設問Ⅲ」は5つの回答欄から複数の回答を許す設問である．
　集計は「COUNTA」関数を用いて行う．

回答番号	年齢	性別 1男,2女	I	II	III i	III ii	III iii	III iv	III v
A001	21	2	1	2	X	X			X
A002	22	2	4	3	X		X	X	
A003	26	2	1	4	X		X		
A004	22	1	3	3		X			X
A005	27	2	2	3			X	X	
A006	22	2	2	5	X	X			X
A007	21	2	1	2	X		X		
A008	21	1	5	4		X			
A009	21	2	2	3	X				
A010	21	2	3	2	X		X		X
A011	22	2	4	2		X		X	
A012	23	2	3	5	X		X		
A013	26	1	2	2			X	X	
A014	22	2	1	1	X				X
A015	39	2	2	2				X	X
A016	21	2	2	3				X	
A017	21	2	4	2			X		
A018	23	2	5	3	X				
A019	22	2	1	5	X		X		
A020	27	1	1	4			X		X
頻度									

図3.123　アンケート調査の集計（入力データ）

データ区間	設問I	設問II
1	6	1
2	5	7
3	4	6
4	3	3
5	2	3

(a) 設問I,IIの「頻度分布」を用いた集計

データ区間	設問I	設問II	設問III
1	6	1	13
2	5	7	6
3	4	6	10
4	3	3	6
5	2	3	7

(b) 「COUNTA」関数の求めた設問IIIを追加

図3.124　アンケートの集計結果

(2) R-C 回路の周波数特性の理論値

放射線学科等の電気実験において，測定する実験値と比較するための理論値を計算し，「散布図」（X-Y グラフ）を用いてグラフ化する場合がある．R-C 回路の周波数特性の理論値を計算してグラフ化する場合は，数値が大幅に変化するのでグラフの「X」軸目盛りを対数軸にする必要が生ずる．

例 R-C 回路の周波数特性の計算結果を対数軸のグラフに表示する．

計算内容は各周波数に対するゲイン（G）と位相（θ）を求める下記の計算式を用いる．

> ゲイン（G）＝V_0（出力電圧）/V_i（入力電圧）
> $$= R / SQRT((R^2+(1/\omega C)^2)$$ （SQRT は平方根，関数名も同じ）
> 位相（θ）＝$(\tan^{-1}(1/\omega CR))/\pi$
> 定数 $C = 1.0 \times 10^4$， $R = 1.0 \times 10^{-7}$， $\pi = 3.14159$

上記の計算式を用いて計算した結果（図 3.125）と ゲイン（G），位相（θ）のグラフ（図 3.126）を示す．

			G=R/SQRT(R^2+(1/(ω*C))^2)
			θ=ATAN(1/(ω*C)/R)/π
			1/ωC=1/(2*π*f*C)
			(但し，ω=2*π*f)
周波数(f)	ゲイン(G)	位相θ[πrad]	1/ωC
1	0.00628	0.498000	1.591550775E-05
2	0.01257	0.496001	7.957753876E-06
4	0.02512	0.492002	3.978876938E-06
10	0.06271	0.480027	1.591550775E-06
20	0.12468	0.460209	7.957753876E-07
40	0.24375	0.421624	3.978876938E-07
100	0.53202	0.321434	1.591550775E-07
200	0.78248	0.213955	7.957753876E-08
400	0.92915	0.120539	3.978876938E-08
1000	0.98757	0.050239	1.591550775E-08
2000	0.99685	0.025277	7.957753876E-09
4000	0.99921	0.012658	3.978876938E-09
10000	0.99987	0.005066	1.591550775E-09
20000	0.99997	0.002533	7.957753876E-10
40000	0.99999	0.001267	3.978876938E-10
C=	1.00E+04		
R=	1.00E-07		
π=	3.14159		

図3.125 計算結果

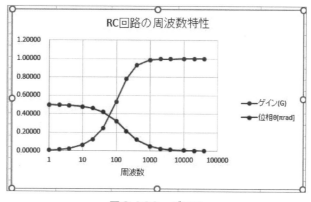

図3.126 グラフ

(3) 握力測定値の分析

　作業療法・理学療法の分野で筋力や握力測定を集団検診時に行う場合がある．測定データから男女別の平均値を算出し，グラフ化して分析を行う場合に表計算ソフトを利用すると便利である．

　平均値や標準偏差等を算出する場合は，関数を用いて計算する．いくつかのランク（データ区間）に分けて，頻度分布を集計する場合は，「頻度分布」（ヒストグラム）が利用できる．

　例　中間位・背屈位・掌屈位での握力の測定結果を男女別に集計し，平均値を算出すると同時に各部位の算出した平均値の中間位に対する比率をパーセンテージ表示で算出する．

　なお，比率の算出のための計算式の分母は絶対参照（「$ 列番号」「$ 行番号」）が必要になるので注意すること．

　また，算出された男女別平均値を「行」・「列」入れ替えて，1つのグラフに表示する．

　上記の計算結果（図3.127）とグラフ化を行った結果（図3.128）を示す．

被検者	性別	中間位握力	背屈位握力	掌屈位握力
A1	男	51.5	31.0	26.0
A2	男	50.0	32.0	28.0
A3	男	49.5	39.0	39.5
A4	男	45.0	28.0	35.0
A5	男	41.5	36.0	27.0
A6	男	37.0	32.5	24.0
A7	女	35.5	25.0	21.0
A8	女	34.5	15.0	18.5
A9	女	29.0	18.5	14.5
A10	女	28.5	21.5	20.0
A11	女	28.5	16.0	21.0
A12	女	26.5	17.0	18.5
A13	女	25.5	20.5	17.0
A14	女	25.5	17.5	11.0
A15	女	19.5	16.5	14.5
男性平均	男	45.8	33.1	29.9
中間位対比	男	100.0%	72.3%	65.4%
女性平均	女	28.1	18.6	17.3
中間位対比	女	100.0%	66.2%	61.7%

図3.127　計算結果

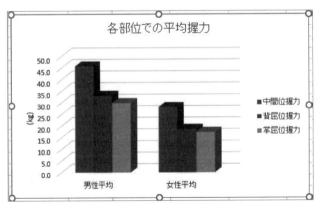

図3.128　平均値のグラフ

(4) 腎疾患関連データの経日測定値の分析

　腎疾患の場合は，時系列的に水分摂取・排出量および塩分摂取量を把握し，分析する必要がある．把握されたデータを日単位に集計し，経日変化の状態を分析する場合に表計算ソフトが利用できる．

1日数回の計測値を日単位に集計する場合に「クロス集計」（ピボットテーブルレポート）を用いると便利である．この集計結果をグラフ化すると，塩分摂取量，水分摂取量，水分排出量の経日変化が明確に把握できる．

例 腎疾患者の塩分摂取量，水分摂取量，水分排出量を朝・昼・夜の1日3回測定し，それらを日単位に「クロス集計」を用いて集計し，経日変化をグラフ化する（図3.129）．

水分排出量は尿量に発汗等で排出される不感蒸泄を 500cc とし，加算するものとする．

クロス集計後，表の一部をコピーし「平均」の行と「水分排出量」の列を付け加えた表を作成し，

・「水分排出量」＝「尿量」＋ 500，

・各項目の3日間の平均値

を算出する．なお，塩分摂取量の単位は「mg」，その他の単位は「cc」とする．

上記のクロス集計結果と計算結果（図3.130）およびグラフ化（図3.131）を行った結果を下記に示す．

計測日	朝昼夜	測定項目	測定値
2019/7/1	朝	水分摂取量	500
2019/7/1	朝	尿量	400
2019/7/1	朝	塩分摂取量	1000
2019/7/1	昼	水分摂取量	800
2019/7/1	昼	尿量	200
2019/7/1	昼	塩分摂取量	2500
2019/7/1	夜	水分摂取量	1200
2019/7/1	夜	尿量	250
2019/7/1	夜	塩分摂取量	3000
2019/7/2	朝	水分摂取量	400
2019/7/2	朝	尿量	450
2019/7/2	朝	塩分摂取量	1000
2019/7/2	昼	水分摂取量	600
2019/7/2	昼	尿量	250
2019/7/2	昼	塩分摂取量	2000
2019/7/2	夜	水分摂取量	1100
2019/7/2	夜	尿量	200
2019/7/2	夜	塩分摂取量	2500
2019/7/3	朝	水分摂取量	300
2019/7/3	朝	尿量	250
2019/7/3	朝	塩分摂取量	500
2019/7/3	昼	水分摂取量	500
2019/7/3	昼	尿量	400
2019/7/3	昼	塩分摂取量	1500
2019/7/3	夜	水分摂取量	900
2019/7/3	夜	尿量	450
2019/7/3	夜	塩分摂取量	2500

図3.129　元データ表

合計 / 測定値 行ラベル	塩分摂取量	水分摂取量	尿量	総計
2019/7/1	6500	2500	850	9850
2019/7/2	5500	2100	900	8500
2019/7/3	4500	1700	1100	7300
総計	16500	6300	2850	25650

(a) クロス集計結果

計測日	塩分摂取量	水分摂取量	尿量	水分排出量
2019/7/1	6500	2500	850	1350
2019/7/2	5500	2100	900	1400
2019/7/3	4500	1700	1100	1600
平均	5500	2100	950	1450

(b) 計算結果（網掛部）

図3.130　計算結果

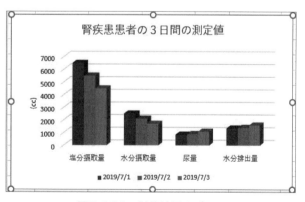

図3.131　計算結果のグラフ

第**4**章

インターネット

4.1 インターネットとは

4.1.1 インターネットの歴史

　複数のコンピュータ間を接続する通信技術は，1960年代から様々な研究が行われており，複数の通信方式が提唱されていた．その中からパケットと呼ばれる情報の小さなかたまりに分けて送る通信技術が次第に注目されるようになり，その後，1982年にインターネット・プロトコル・スイート（Internet protocol suite）と呼ばれる通信規約（プロトコル）群が標準化されたことで，現在のインターネット技術の核となるTCP/IPプロトコルを用いた通信である「インターネット」という概念が世の中に広がっていった．

　今日，私たちが使用しているインターネットとは，このTCP/IPという通信規約の下で相互に接続された全世界規模のコンピュータネットワークのことを指し，広義ではその利用についても含まれる．インターネット接続は，その利便性から，1990年以降に爆発的な広がりを見せ，現在ではいわゆる一般的なコンピュータ以外にも携帯電話やスマートフォンに代表される携帯端末や，ゲーム機，家電に至るまでインターネット接続ができるようになってきている．医療・福祉系分野においても，「医療情報連携ネットワーク」「全国保健医療情報ネットワーク」などのネットワークの基盤としてインターネットは必要不可欠なものとなっている．

4.1.2 ドメイン名とIPアドレス

　インターネット接続では，相手を特定するために，IPアドレスと呼ばれる番号が使われている．現在，主に使用されているIPアドレスはIPv4と呼ばれるもので，32ビットで表される2進数を8ビットに分け，それぞれを0～255の10進数で表し，ピリオドでつないで次のように表現する．

192.22.33.166

　インターネットの急速な広がりに伴い，IPアドレスの枯渇問題が発生している．そのため，より多くの番号を割り振れるIPv6へ移行が進んでおり，そのための様々な整備が同時進行している．

IPアドレスは数字で表現されているため，人間が理解しにくい．そこで，IPアドレスを人間の理解できる言葉に置き換えたものがドメイン名である．一般的なインターネット利用者はこのドメイン名で相手を特定する．

ドメイン名は，次のように表記される．下線部がドメイン名である．

ホームページアドレスの場合	www.ns.sample.ac.jp	＊広義ではwwwをドメイン名とすることもある.
電子メールアドレスの場合	hana@ns.sample.ac.jp	

ピリオドで区切られた部分は，ラベルと呼ばれる．1つのラベルの長さは，63文字以下，ドメイン名全体の長さは，255文字以下などの規則がある．ドメイン名の最も右側のラベルを「トップレベルドメイン」，以下左へ向かって順に，「第2レベルドメイン」，「第3レベルドメイン」，…と呼ぶ．また，右から左に向かって次第に，大分類から小分類を表すようになっている．

トップレベルドメインは，表4.1のように世界的に管理されている．また，ラベルによる分類は，図4.1に示すような階層構造になっている．

表4.1　トップレベルドメインの例

トップレベルドメイン	用途・国名
com	商業組織用
edu	教育機関用
gov	米国政府機関用
org	非営利組織用
ca	カナダ
de	ドイツ
fr	フランス
jp	日本

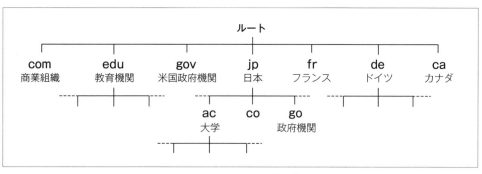

図4.1　ドメインの階層構造

なお，ドメイン名とIPアドレスは，DNS（Domain Name Service）という仕組みで対応させている．

4.1.3 インターネットの利用

　インターネット技術の発展によって，時間や場所を問わずコンピュータネットワークが利用できる環境が整いつつある．利用者は複雑で専門的な技術・知識を意識することなくパソコン，携帯電話，スマートフォンなど様々な装置からインターネットが利用できるようになった．また，無線通信技術の発達により，通信ケーブルを使用せずにインターネットと接続できる環境が整備され，いつでも，どこでもつながるユビキタス社会の実現が現実のものとなってきた．

　インターネットで利用される機能やサービスは利用者の年代によって傾向が異なってきている．総務省が公表した「平成29年度通信利用動向調査」(2018年)によると，インターネットで利用した機能・サービスで利用割合が最も高かったのは「電子メールの送受信」で，12歳以下を除いたすべての世代で利用率が50%以上ある．一方，インターネット上の交流を通じて社会ネットワークを構築するサービスである「ソーシャルネットワーキングサービス」(以下，SNS)「動画投稿・共有サイトの利用」「無料通話アプリやボイスチャットの利用」の利用率は30歳以下の利用率が高く，40代以上では年代ごとに低下していく傾向がみられる．このように，インターネット通信を基盤にしたサービスは多種多様化しており，今後も新しい通信技術の発達によって新たなサービスが生まれてくることが予想される．

4.1.4 プロバイダ

　家庭などでインターネットを利用する時は，プロバイダを経由しなければならない．プロバイダとは，個人的な利用者を対象にホームページや電子メールなどの有料のサービスを提供する企業である．利用者のコンピュータとプロバイダのコンピュータの接続は，最近大きく変化している．1990年代は，アナログ電話回線やISDN回線を使用し，通信する時にだけプロバイダと接続し，接続時間に応じて料金を支払う従量課金方式であった．最近では，CATVや光回線を使用するブロードバンド接続や，高速な無線通信による接続が一般的になっている．

4.2 WWWの利用

　インターネットを使用することによって，初心者でも簡単に様々な情報を閲覧・検索することができる．インターネットの利用者が増すにつれて閲覧用のソフトウェア（ブラウザ）が進歩し，簡単な操作で情報を閲覧できるようになっている．本節では，WWW（World Wide Web）の仕組みと閲覧の方法について述べる．

4.2.1 WWW

　インターネットで情報を閲覧する時は，WWWを使用することが多い．WWWは，世界中の情報をクモの巣（Web）のように結び付けている．

　WWWでは，ハイパーテキストという形態で情報を記述する．ハイパーテキストで情報を記述することで，図4.2に示すように関連する情報をハイパーリンクという形で結びつけ，その情報を次々と容易にたどっていくことができる．また，WWWでは，文字・画像・音声・映像などの情報をや

りとりする規約（プロトコル）として http を使用する．http は Hyper Text Transfer Protocol の略である．

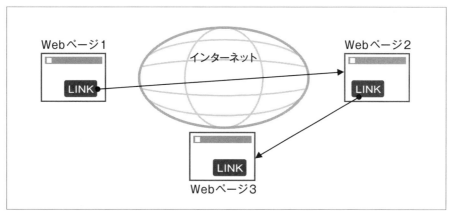

図 4.2　ハイパーテキスト

　インターネット接続時に相手を特定するためにドメイン名を使うのと同様に，ホームページの指定にはドメイン名を含んだ表記を用いる．この表記を URL（Uniform Resource Locator）という．
　URL の一例は，

http://www.xxx.ac.jp/

となる．基本的に URL の文字・数字・記号はすべて半角であり，左端の http:// は閲覧用のホームページに共通の表記で，通信規約（プロトコル）を指定している．
　また，ピリオドで連結した www.xxx.ac.jp は，前節で述べたドメイン名である．
　WWW で情報を閲覧する時には，ブラウザと呼ばれる専用ソフトウェアを使用する．ブラウザは複数の企業から供給されている．本書では，Windows10 に標準付属している Microsoft Edge を使用して説明する．なお，Microsoft Edge は Windows update によってセキュリティ面や機能面が強化された修正プログラムが提供されており，その結果，機能拡張やデザイン修正されることがある．

4.2.2　Microsoft Edge の起動

　Window10 を起動し，スタートボタンをクリックするとスタートメニューが表示される．
　右側のパネルにはよく使うアプリをピン留めすることができる．また，タスクバーにもピン留めが可能で，デスクトップにショートカットアイコンも作成することができる．
　これらをクリックすることで Microsoft Edge を起動できる．

図 4.3　パネルにピン留めされた Microsoft Edge のアイコン

図 4.4　Microsoft Edge の画面の例 (ver 44.18362.329.0)

　Microsoft Edge を起動すると以下のウィンドウが出現する．起動した直後のウィンドウをホームページという．図 4.5 は Microsoft Edge のホームページの一例であり，白紙状態となるように設定されている．企業などのコンピュータでは，セキュリティなどの理由からネットワーク管理者がホームページを設定することが多く，個人のコンピュータでは，ブラウザまたはコンピュータを作った会社のホームページに自動的に接続するように設定されていることが多い．

図 4.5　Microsoft Edge のホームページ画面の例

操作 4-1　ホームページの設定

Microsoft Edge を起動したときに最初に表示されるページ（ホームページ）を設定したい時は，
①図 4.6 のように右上の「ツール」ボタンをクリックし，下側に開いたメニューの「設定」をクリックする．
②図 4.7 の画面が開いたら，「Microsoft Edge の起動時に開くページ」の設定で特定のページを選び，下のテキストボックスにアドレスを直接入力する．

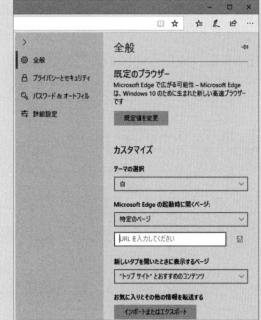

図4.6　インターネットオプションの選択　　図4.7　インターネットオプションの画面

図4.8は，Microsoft Edge で Google（グーグル）という検索用 Web サイトを表示した画面である．Microsoft Edge では，1つのブラウザで複数の Web サイトを開けるタブブラウズ機能を使用することができ，表示タブの右端にある「＋」部分をクリックすることで新しいタブを開くことができる．複数の Web サイトを同時に開いている場合，各ページは別のタブに表示される．これらのタブを使用して，Web サイトを簡単に切り替えることができる．また，タブをウィンドウの外にドラッグアンドドロップするとそのタブが切り離されて，新しいウィンドウでページを表示することができる．

図4.8　Web サイトの表示

操作 4-2 タブブラウズ機能

① 「表示タブの右端にある「＋」部分をクリックすると，新しいタブを開くことができる.

② タブをウィンドウの外にドラッグアンドドロップするとそのタブが切り離されて，新しいウィンドウでページを表示することができる.

4.2.3 ホームページの探索

　目的のホームページの URL が既知の時，アドレスバーに URL を入力する. なお，URL の文字・数字・記号はすべて半角であり，全角で入力するとエラーとなる.

　一般に，閲覧したいホームページの分野は決まっているが，URL は不明なことが多い. このような時は，まず探索用のホームページに接続し，次に所定の操作によって探索を行う. 探索用のホームページとしては，

```
http://www.yahoo.co.jp/
https://www.google.co.jp/
http://www.bing.com/
```

などが知られている. なお前述した図 4.8 は URL が，

```
https://www.google.co.jp/
```

のホームページを閲覧した時のウィンドウである.

　また，Microsoft Edge ではアドレスバーに直接検索する語句を入力すると，設定されている検索エンジン（初期設定では Bing）が探索結果を返す.

　ホームページは，後述する HTML と呼ばれるマークアップ言語で記載されていることが多く，ハイパーリンクと呼ばれる機能によって別のページへ移動することができる. 通常ハイパーリンクは下線付き文字で表記している. この部分をクリックすると，別のページに移動する. ハイパーリンクによって探索用でない外部のホームページにも移動できるので，最後は探索したい目的のホームページに到達できる.

　なお，Microsoft Edge を終了する方法は右上の終了ボタン「×」をクリックする.

4.3 セキュリティ

4.3.1 セキュリティ

　ネットワークには多くのコンピュータが接続され，様々な人々が利用している. その中には，悪意のある人もおり，様々な危険が潜んでいる. このため，ネットワーク接続してコンピュータを利用するためには，コンピュータを安全に守るセキュリティの知識と実践が必要になっている.

　最初に，ユーザ ID とパスワードについて説明する．インターネットに接続したり，電子メールを利用したりするためには，ユーザ ID やパスワードが必要になる．これらを他人に知られてしまうと，自分の知らないところで使われて，身におぼえのないサービス料金を請求されたり，他人に自分のメールを読まれたりする危険性がある．このため，ユーザ ID やパスワードは他人に知られないように十分管理する必要がある．最低限の注意点として，次のような点がある．

・他人の目にふれやすいところに，ユーザ ID やパスワードのメモを残さない．
・ユーザ ID やパスワードを他人に知らせない．
・パスワードには，簡単に推測できる文字，数字（名前，誕生日など）を使用しない．
・パスワードを定期的に変更する習慣をつける．

　次に，コンピュータウイルスについて説明する．ウイルスは，プログラムやデータベースに対して意図的に何らかの害を及ぼすように作られたプログラムである．ウイルスの感染経路は，電子メールの他に，ダウンロードや，外部媒体からの感染も存在する．最近ではホームページを閲覧するだけで感染するものもあり，手口は複雑化している．ウイルスに感染すると，ハードディスクの内容が勝手に消去されたり変更されたりしてしまう危険性がある．また，勝手に電子メールのアドレス帳を利用されて，記録してあるアドレス宛に自分自身（ウイルス自身）を送りつけて，増殖するタイプ（ワーム型ウイルス）もある．このため，ウイルスに感染しないよう注意を払う必要がある．少なくとも，心当たりのないメールの添付ファイルは開かずに削除することである．また，むやみにファイルのダウンロードを行わないことである．

　また，フィッシングといって，銀行やクッレジットカード会社を装って，利用者の個人情報を不正取得しようとする場合がある．不審に思った時は，別の手段で相手に問い合わせするなどしたほうがよい．

4.3.2　セキュリティ機能の実際

　このような状況から，Window 10 にもいろいろなセキュリティ機能が実現されている．ここでは，基本的なことを説明する．Windows 10 では，画面左下の Windows アイコンをクリックし歯車型のボタン「設定」を選択後，図 4.9 のように「Windows の設定」ダイアログボックスの「更新とセキュリティ」を選択することで，右側のメニューから図 4.10 の「Windows セキュリティ」の画面を選択することができる．

図 4.9　コントロールパネル画面

図4.10　Windows セキュリティの画面

操作 4-3　アクションセンターの表示

①画面左下の Windows アイコンをクリックし歯車型のボタン「設定」を選択する.

②図 4.9 の「Windows の設定」ダイアログボックスから「更新とセキュリティ」を選択すると, 図 4.10 の「Windows セキュリティ」の画面が表示される.

　Windows セキュリティでは,「ウイルスと脅威の防止」,「アカウントの保護」,「ファイアウォールとネットワーク保護」, など, コンピュータ上のセキュリティに関する状態をチェックすることができる.

　ファイアウォールは, ハッカーやワームなどの悪意のあるソフトウェアがネットワークを経由してコンピュータにアクセスすることを防止する機能である. Windows Update 機能は, Windows が使用しているプログラムの更新内容を定期的にチェックして, 必要なものを自動的にインストールする機能である. ウイルス対策は, ウイルスやスパイウェアなどのセキュリティの脅威からコンピュータを保護するのに役立つものである.

4.3.3　セキュリティ機能の利用

　オンラインショッピングなどで, クレジットカードを使用する場合は, クレジットカード番号などをインターネット経由で相手に送る必要がある. このような操作を行う時は, セキュリティ保護されている接続であることを確認したほうがよい.

　セキュリティ保護された接続では, セキュリティのステータスバーに「ロックアイコン」が表示される（図 4.11）.

　セキュリティ保護された接続では，アクセスしている Web サイトと Internet Explorer との間で情報が暗号化されてやりとりされる．通常の通信に比べ，送信中に情報が読み取られたり，改ざんされたりする危険性は少ない．ロックをクリックすると，Web サイトの身元が表示される．

図 4.11　ロックアイコンの表示

4.4　文献検索

　新技術の研究などは，論文として学術的な雑誌に，新製品の開発などは記事として商業的な雑誌に発表される．これらの公表された論文と記事を文献といい，利用価値の高い情報である．多数の雑誌の論文と記事の中から，コンピュータを用いて必要な情報を取り出すことを文献検索という．本節では，医療分野における文献検索について述べる．

4.4.1　キーワード検索

　分野ごとに分類された文献情報は，コンピュータの処理に適した形式に加工される．これら加工済みの情報を文献データベースといい，医療分野においても重要な役割を果たしている．その中で，医学中央雑誌刊行会が提供する「医中誌」および National Library of Medicine が提供する「PubMed」と呼ばれる文献データベースが有名である．文献データベースは定期的に更新され，インターネットを介して検索できる．

　雑誌の１論文または１記事の内容に関して，数個の重要な単語を選択したものをキーワードという．論文や記事の著者がキーワードを選択することが多いが，専門家が担当することもある．文献データベースにおいて，選択したキーワードは文献ごとに登録される．利用者がキーワードを所定の方式に従って入力すると，そのキーワードを登録したすべての文献が文献データベースから取り出される．なお，文献検索では雑誌名や著者名による検索もでき，さらにキーワード検索との併用もできる．

4.4.2　日本語文献の検索

　インターネットを利用した文献検索は大部分が有料サービスである．医中誌の文献データベースを検索するには，有料サービスの契約が必要である．ここでは，「医中誌 Web（Ver.5）」を使用し

た文献検索について説明する．「医中誌Web」は，特定非営利活動法人　医学中央雑誌刊行会が作成する国内医学文献データベース「医学中央雑誌」のWeb版で，医学・薬学・看護学などの関連領域の定期刊行物の文献情報をインターネットで検索することができる．検索項目として，「キーワード」，「タイトル」，「著者名」，「雑誌名」などがある．収録文献に対するキーワードは，専門の索引者が各文献の主題を分析し，シソーラス（Thesauras：構造化された索引・検索用の語彙集）に基づいて付与されている．「医学中央雑誌」のシソーラスは，医学・歯学・薬学・看護学・公衆衛生学などの用語を体系的に関連付けた「医学用語シソーラス」を使用している．

図4.12　医中誌のHOME画面

HOMEには，検索語入力と検索対象の絞り込み条件を指定できる部分がある．検索語を入力し，必要であれば絞り込み条件の設定を行い，検索ボタンをクリックする．

医中誌Webは，大学等の図書館で動作しているOPAC（Online Public Access Catalogue）と連携して利用することもできる．

なお，医中誌Webシステムについて，ポイントをまとめたガイドが医学中央雑誌刊行会のWebサイトから取得できる．

医中誌Web検索ガイド：http://www.jamas.or.jp/user/guide/index.html

4.4.3　英語文献の検索

アメリカ政府のNational Library of Medicineの文献データベースPubMedは，現在インターネットを利用すれば無料で検索できる．URLは

http://www.ncbi.nlm.nih.gov/pubmed/

であり，図4.13にホームページの画面を示す．

図 4.13 PubMed のホームページ

　キーワードによる検索は，「Search bar」のボックスにキーワードを入力し，Go ボタンをクリックする．その文献の概要など詳しい情報も表示することができる．このように医療分野においては，インターネットの利用により容易に文献検索を行うことができる．

4.5 電子メール

　インターネットにおいて，ホームページの閲覧と同様に多く利用されているものが電子メールである，電子メールを使用するためには，メールアドレスを取得し，閲覧するための環境が必要となる．本節では電子メールの基本的な仕組みと Windows 10 の環境下でのメールの使い方について説明する．

4.5.1 電子メールの仕組み

　電子メールは，相手のコンピュータに直接送られるのでなく，インターネット上のいくつかのメールサーバを経由して送られる．一般にメールサーバとは，送信サーバと受信サーバの組み合わせのことである（図 4.14）．送信サーバのプロトコルとしては SMTP（Simple Mail Transfer Protocol）などが，受信サーバのプロトコルとしては POP3（Post Office Protocol 3）や IMAP4（Internet Message Access Protocol 4）などが使用される．

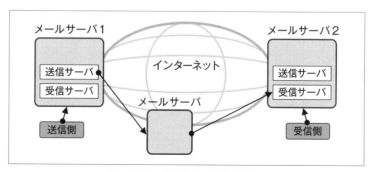

図 4.14 電子メールの仕組み

4.5.2　電子メールアドレス

　郵便配達には住所が必要であり電話接続には電話番号が必要なのと同様に，電子メールの送信・受信には電子メールアドレスという宛先が必要である．1人で複数のアドレスを持つことおよびグループで共通のアドレスを持つことも可能である．電子メールアドレスの例は

> aaa@xxx.ac.jp　　bbb@qqq.yyy.co.jp

などである．電子メールアドレスには必ず@（アットマーク）が含まれ，その右側がドメイン名である．アットマークの左側は個人別のユーザ名であり，プロバイダや，組織内の管理者が管理している．

　なお，電子メールアドレスの文字・数字・記号は基本的には半角である．通常のネットワークには電子メールの送信・受信用のコンピュータがあり，電子メールサーバという．送信した電子メールはドメイン名に対応するネットワークの電子メールサーバに到着し，ユーザ名ごとに一時的に保管される．

　大学，会社などの組織に所属している場合，連絡手段として，メールアドレスを付与することが多い．また，個人的に電子メールを取得する場合は，プロバイダ（インターネット接続業者）から付与されたり，無料で取得できるアドレスを取得したりするケースがあり，最近では複数の電子メールを保持している利用者も増えている．

　以前は電子メールを利用するためには，必ず専用のソフトウェアが必要であった．電子メールのソフトウェアには，市販されているソフトウェアの他に，無償ソフトウェアもある．

　最近ではインターネットエクスプローラーなどのブラウザを使用してメールの送受信を行うことで，PCに専用ソフトウェアをインストールせずにメールを利用できる方式が増えてきている．この方式を使うことで，利用者はPCがなくとも，インターネットを使用できる環境があれば，メールの送受信ができるようになった．

4.5.3　Windows 10 とメール

　Windows 10 にはメールアプリが標準で組み込まれている．このアプリは Microsoft のアカウントだけでなく，他のメールも送受信できる．なお，Microsoft アカウントはマイクロソフトのサイトから無料で取得できる．

　本書では Windows 10 に標準で組み込まれているメールアプリの使い方を説明する．

　Microsoft はこれ以外にも Microsoft Office の一部として含まれている個人情報管理 (Personal Information Manager) ソフトウェアである Microsoft Office Outlook は，電子メール機能のほか，予定表・連絡先管理・仕事管理・メモなどの機能が実装されている．ブラウザを使用したメール送受信を行う Web メールサービスである Outlook.com も開始されている。

4.5.4　Windows メールの起動

　図 4.15 は Windows メールのアイコンである．スタート画面のタイルか，デスクトップ画面にピン止めされたアイコンをクリックすることで Windows メールが起動する．

図4.16はWindowsメールを起動したスタート画面の
例である.

図4.15 ストアアプリメールのアイコン

図4.15 ストアアプリメールのアイコン

図4-16 Windowsメールの起動画面の例

操作4-4 Windowsメールの起動と終了

【Windowsメールの起動】

①スタート画面のアイコン（図4.15）をクリックする.

②デスクトップ画面下のタスクバーにピン止めされているアイコンをクリックする.

【Windowsメールの終了】

①マウスを上に持っていき，黒いバーが出たら右端の×ボタンを押す.

②タイトルバーをクリックし，クリックしたまま画面下部へ移動すると，アプリが縮小表示
された状態になる. そのまま最下部へもっていき，数秒まつとアプリが反転し終了する.

4.5.5 電子メールの作成

電子メールを作成する時は，図4.16の画面の状態から，右端の＋のアイコンをクリックすると，
図4.18のようなメール作成画面が表示される. なお，右端の4つのアイコンの機能を，図4.17
に示す.

図 4.18　電子メール作成画面

図 4.17　メールのアイコンと機能

操作 4-5　電子メールの作成

①図 4.16 のメールのスタート画面において，右上の＋アイコンをクリックする.
②宛先，件名，本文を入力する.

　同一内容のメールを複数の人に送信したい場合は，宛先に複数の人を記述することができる．複数の送信相手の間をコンマ（,）で区切ればよい．多数の宛先に一斉に同一メールを送ることを「同報メール」と呼ぶ．また，宛先に送信される文面と CC に送信される文面は同一である．

4.5.6　アドレス帳

　メールアドレスをキーボードで入力する手間を省き，入力ミスを防ぐ機能としてアドレス帳がある．アドレス帳は，相手の名前やメールアドレスを連絡先として登録しておき，メールの宛先を指定する時に使用する．Windows メールでは People というアプリで連絡先を管理している．People アプリも Microsoft アカウントを取得している利用者のみが使用できる．「People」とは，クラウド対応のアドレス帳で，電子メール以外でも様々なアプリで同期が可能である．

4.5.7　ファイルの添付

　電子メールでは，文字の通信だけでなく，画像ファイルや文書ファイルの通信もできる．メールにファイルを添付したい場合は，上の挿入タブをクリックすると，図 4.19 のような画面表示になる．ここで，添付したいファイルを選択し 添付 ボタンをクリックすると，図 4.20 のような画面が表示され一番左のファイルを選択することでファイルを添付できる．

図 4.19　添付ファイルの選択

図 4.20　添付ファイルの挿入

4.6　Webページの作成

4.6.1　基本的な HTML ドキュメント

　WWW で情報を共有するための記述言語が，ハイパーテキスト記述言語 HTML（Hyper Text Markup Language）である．HTML は，テキスト，図，写真，音声などを統合して Web ページを記述できる．HTML ドキュメントの記述のための専用ソフトウェアが市販されている．しかし，Windows 10 のメモ帳を使用しても記述することができる．ここでは，メモ帳を使用して，基本的な HTML ドキュメントを作成してみる．なお，今回は HTML の基本的な構文解釈を目的としているため，厳密な構文ルールに基づく記載については，省略している．

　メモ帳を使用した HTML ドキュメントの作成では，メモ帳と Internet Explorer を同時に使用する．メモ帳で作成した HTML ドキュメントの確認に Internet Explorer を使用する．

　HTML ドキュメントは，「<」と「>」で囲まれた「タグ」を使用して記述し，ヘッダとボディから構成される．HTML ドキュメントの構成を定義する主要なタグは，<html>，<head>，<body>，<title> である．そして，ほとんどのタグには，開始タグと終了タグがある．終了タグは，タグの名前の前に（ / ）を付けたものである．<html> は開始タグであり，対応する終了タグは</html> である．

操作 4-6　HTML ドキュメントの骨格

<html>…</html>　　　　HTML ドキュメント全体を表す. この内部にヘッダとボディが記述される.

<head>…</head>　　　　ヘッダを表す. タイトルなどのホームページ全体の情報を示す.

<body>…</body>　　　　HTMLドキュメントの本体を表す. ブラウザで表示される内容となる.

<title>…</title>　　　　ホームページのタイトルを表す.
　　　　　　　　　　　　<head> と </head> の間に記述する.

<meta http-equiv= "Content-Type" content= "text/html ; charset=shift_JIS" >
日本語を使用する時に必要となる.

*なお, 2017年12月に HTML5.2 が勧告され新機能が追加された. 一方, 古いバージョンから削除・記述変更されたルールも出ている. 最新版の HTML を使用する場合は, ブラウザ側の適用についても注視する必要がある.

　最初に, 簡単な HTML ドキュメントを作成してみる. 図 4.21 のようにメモ帳を使用して入力し, これを「practice1.html」という名前で保存する. この中で, <p>…</p> は, 段落単位の文である. Internet Explorer で, practice1.html を開いてみると, 図 4.22 のように表示される.

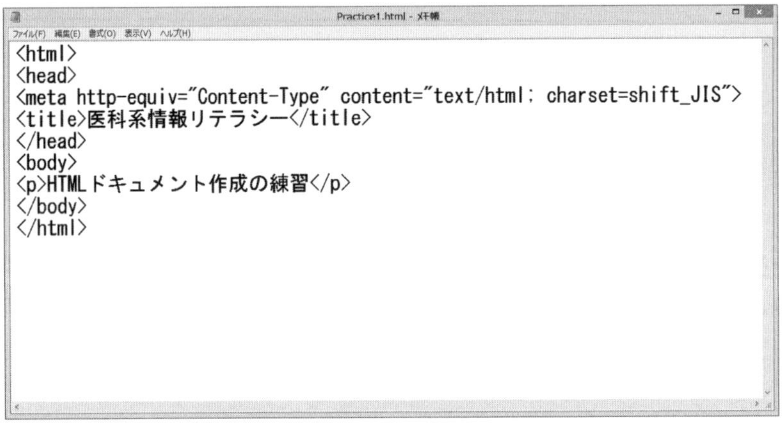

図 4.21　簡単な HTML ドキュメント

図 4.22　簡単な HTML ドキュメントの表示結果

4.6.2 見出しタグの利用

　HTML ドキュメントでは，見出しタグを利用すると，文書を複数に分割して管理できる．見出しタグでは，6 段階の見出しを定義できる．<h1>，<h2>，<h3>，<h4>，<h5>，<h6> の 6 種類で，<h1> が最も優先が高く，<h6> が最も優先が低い見出しとなる．それぞれの終了タグは，</h1>，</h2>，</h3>，</h4>，</h5>，</h6> である．ここでは，看護におけるフィジカルアセスメントに関する文章を題材にして，見出しタグの利用について説明する（参考文献：森田孝子編『系統別フィジカルアセスメント』医学評論社，2006）．

　文書の構成が図 4.23 のようになっている場合，見出しを使って読みやすく表示してみる．図中のイタリック字体を見出しにし，優先順位を 3 段階使用する．<h1>，<h2>，<h3> の見出しタグと，段落タグを使用すると，図 4.24 のような HTML ドキュメントが作成できる．

　<style type="text/css">…</style> は，スタイルタグであり，タグの内容にスタイルを定義できる．ここでの定義は次のような意味である．

body{background : lemonchiffon ; }　……　ボディ部分の背景色は lemonchiffon とする．
h3{font-style : italic ; }　………………………　h3 のヘッダの字体はイタリックとする．
p{margin-left : 3em ; }　………………………　段落部分では，左側に 3 文字分の空白を置く．

　これを，Internet Explorer で表示すると図 4.25 のようになる．また，標準的な色の名称には次のようなものがある．

black	navy	blue	green	teal	lime	aqua	maroon
purple	olive	gray	silver	red	fuchsia	yellow	white

フィジカルアセスメントの実際
　医療面談
　　アセスメントテクニック
　　　視診(Inspection)
　　　　視診は観察のことであり，日常の看護場面でも頻繁に行われている
　　　触診(Palpation)
　　　　触診は手または指の感覚によりアセスメントすることである
　　　打診(Percussion)
　　　　打診は身体の各部位を叩くことで生じる振動音により，部位の性状をアセスメントする
　　　聴診(Auscultation)
　　　　聴診は身体から発せられる音を聴いてアセスメントする方法である

図 4.23　構造化されたフィジカルアセスメントに関する文書

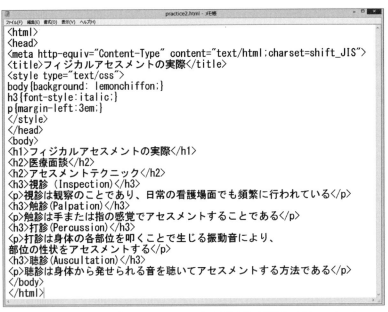

図 4.24　フィジカルアセスメントに関する HTML ドキュメント

図 4.25　フィジカルアセスメントに関する HTML ドキュメントの表示結果

4.6.3　ハイパーリンク

　次に，図 4.26 のように，複数のホームページをハイパーリンクして，看護におけるフィジカルアセスメントや介護者蓄積疲労に関する情報を整理することを考えてみる．フィジカルアセスメントのページには，図 4.25 のページを使用する．介護者蓄積疲労のページは，図 4.27 のようなデータを用意する（参考文献：佐藤敏子他　『女性介護者の蓄積的疲労徴候の実態と介護継続関連要因』日本在宅ケア学会誌，Vol.9，No.1，2005）．Internet Explorer で表示すると図 4.28 のようになる．

　トップページには，図 4.21 にハイパーリンク情報を追加したものを利用する．ハイパーリンク

情報の記述には <a> タグを使用する．<a> タグと href 属性を使用して，別のドキュメントへの
リンクを作成する．具体的には，次のように記述する．

<a href=" file.html" > ファイル </a>

　ハイパーリンク情報を追加した HTML ドキュメントを，図 4.29 に示す．また，ブラウザでの表示
は図 4.30 のようになる．図 4.30 の下線付きの文字をクリックすると，該当のページが表示される．

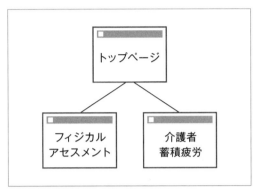

図 4.26　複数のホームページの構成

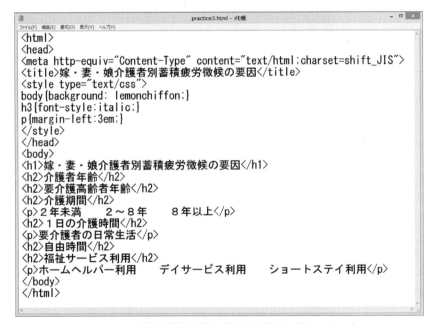

図 4.27　介護者蓄積疲労に関する HTML ドキュメント

図 4.28　介護者蓄積疲労に関する HTML ドキュメントの表示

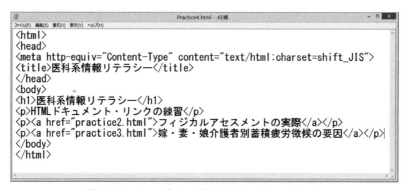

図 4.29　トップページの HTML ドキュメント

図 4.30　ハイパーリンクを含む HTML ドキュメントの表示

第5章
プレゼンテーション
−Office 365 PowerPoint−

5.1 Office 365 PowerPoint とは

　PowerPoint とはプレゼンテーションを行うためのソフトウェアであり，Office 365 PowerPoint（あるいは，PowerPoint Office 365）はその最新バージョンである．現在，学会での発表のように多くの聴衆に説明や提示を行う際，PowerPoint を使う場合がほとんどである．PowerPoint を使う場合，資料の作成はコンピュータ上での処理だけであり，変更も発表の直前まで，あるいは極端な場合として発表中でも可能である．さらに，PowerPoint を使用することで，動的なプレゼンテーションが可能になる．例えば，発表や説明の進展に合わせ文字列や図形等を，順次，追加表示していくことや音声の利用，動画を見せることも可能である．また，プレゼンテーションの実行中に他のソフトウェアを起動することも可能である．

　このように便利なソフトウェアではあるが，その機能を十分活用するためには PowerPoint の細かな操作の方法を習得しなければならない．また，音声，静止画，動画を利用する場合には，前もってそれらのファイルを作成しておく必要があり，これらのファイルを作成するソフトウェアの習得も合わせて必要になってくる．

　PowerPoint の機能をフルに使うためにコンピュータに要求される仕様も高いものであるが，技術の進歩により，最新のコンピュータであれば，ほぼ標準の状態で使用できるようになってきた．音声や動画に関しては，特殊なファイル形式でなければ問題なく再生できるであろう．静止画のファイルは，デジタルカメラやスキャナを利用することで簡単に作成できるであろう．音声ファイルの作成は Windows に付属しているソフトウェアを使うことで可能である．動画ファイルの作成も，USB 端子や IEEE 1394（別名：iLink, Firewire）端子が付いているコンピュータであれば，デジタルビデオカメラの映像をそのまま取り込み，ファイルを作成することができる．特に，USB 端子に接続して使えるビデオの入力装置が安価に販売されており，簡単に動画ファイルを作成することができる．

　この章では，PowerPoint を使った簡単なプレゼンテーションを作成する．読み進めることで一通りの機能を理解できるようになっている．

5.2 PowerPointの起動と終了

操作5-1　PowerPointの起動と終了

（1）起動

①図1.11のデスクトップ（スタートメニュー）画面でPowerPoint，Officeのタイルがある場合は，そのアイコンをクリックするとアプリが起動する．アプリ一覧でPowerPointのショートカットがある場合，そのアイコンをクリックするとアプリが起動し，図5.1が表示される．

図5.1　PowerPointのスタート画面

②「図5.1　PowerPointのスタート画面」で「新しいプレゼンテーション」をクリックすると図5.2で示す白紙のスライドが表示される．

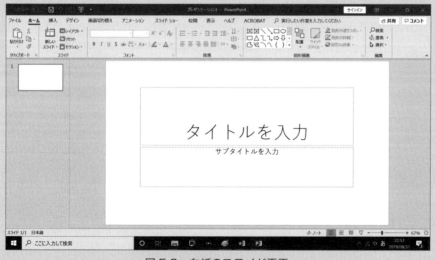

図5.2　白紙のスライド画面

（2）終了

①図 5.2 の画面で「閉じる」ボタン ✕ をクリックすると終了する.

②PowerPoint の変更や新しく作成を行った場合は，保存の確認のダイアログボックス
（図 5.3）が表示される. 保存する場合は
　保存　を，保存しないで終了する場合
は 保存しない をクリックする.

③「キャンセル」をクリックすると終了し
ないで元の画面に戻る.

図 5.3　終了確認画面

5.3 PowerPointの画面

PowerPoint を起動することで図 5.4 のような新規作成の編集画面が現れる. リボンなどの呼び名は Word や Excel と同じである. 他の部分は次のとおりである.

参考 Office 365 PowerPoint では，図 5.4 に表示される画面（ページ）を「スライド」
と呼び，スライドの集合体である PowerPoint のファイルを「プレゼンテーション」
と呼ぶ. スライドの中に，テキスト（文字列）やグラフ，イラストなどを入力するための
「プレースフォルダー」が配置される.

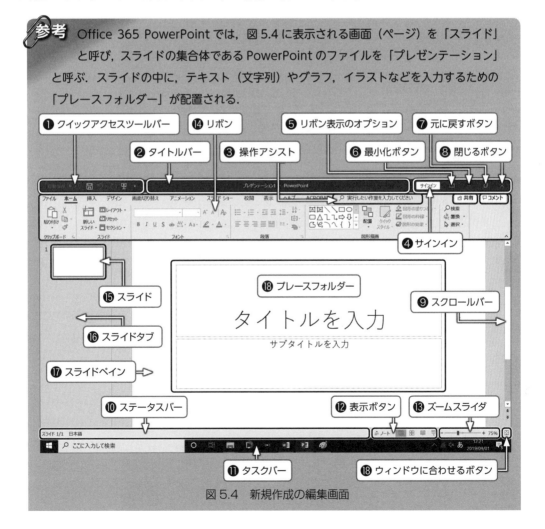

図 5.4　新規作成の編集画面

❶**クイックアクセスツールバー**：「保存」や「元に戻す」，「やり直し」アイコンが表示されている．

❷**タイトルバー**：編集中のプレゼンテーションのファイル名を表示する．最初にPowerPoint が起動された時には「プレゼンテーション1」が表示されている．

❸**操作アシスト**：入力したキーワードに関連する検索やヘルプが表示される機能．使いたい機能のボタンがどこにあるかわからないときに利用する．

❹**サインイン**：Word，Excel，PowerPoint では，「サインイン」という操作を行うと，Word，Excel，PowerPoint から OneDrive に直接ファイルを保存できる．Microsoft アカウントを取得するときに登録した電子メールアドレスとパスワードを入力すれば，簡単にサインインできる．サインインが完成するとここにユーザ名が表示される．

❺**リボン表示のオプション**：リボン，タブ，タブとコマンドの表示　に関するウィンドウ（右図）が表示され表示のオン・オフができる．

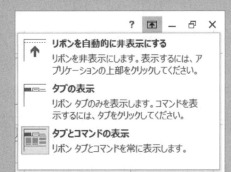

❻**最小化ボタン**：現在アクティブなウィンドウを非表示にしてタスクバーにアイコンを表示する．タスクバーにアイコンをクリックすると PowerPoint が再表示される．

❼**元に戻すボタン**：表示されている画面がウィンドウ画面になる．ウィンドウ画面では 🗗 が 🗖（最大化ボタン）となり，このボタンをクリックするとウィンドウがディスプレイ画面全体に拡大表示される．

❽**閉じるボタン**：現在アクティブなウィンドウを閉じて，作業を終了する．

❾**スクロールバー**：ウィンドウを上下左右にスクロールするときに使う．画面右側には上下に移動するスクロールバー，画面下には左右に移動するスクロールバーが表示されている (但し，前文章が表示されている時は表示されない)

❿**ステータスバー**：開いているプレゼンテーションの情報が表示される．

⓫**タスクスバー**：現在起動しているプログラム名やファイル名を表示する．

⓬**表示ボタン**：編集しているプレゼンテーションの表示 (印刷レイアウト，下書きなど) を変更することができる．

⓭**ズームスライダ**：編集しているプレゼンテーションの表示倍率の変更を行うことができる．

⓮**リボン**：リボンでは，各タブ（図 5.5 参照）をクリックしてコマンドボタンをクリックすると PowerPoint の機能を実行することができる．リボンは，コマンドボタンを集約し PowerPoint の機能を素早く実行できることを目的として設計された．リボンには，タブ，グループ，コマンドという 3 つの基本的な構成要素がある．また，「ⓓダイアログボックス起動ツール（ダイアログボックスランチャー）」は，各グループに含まれる

コマンドの詳細を設定できるダイアログボックスが表示される.

ⓐ**タブ**：タブは PowerPoint で実行する主要な機能をまとめたもので，クリックすると リボンの内容が変わり，タブの見出しが示すグループが表示され，コマンドが実行できる.

ⓑ**グループ**：タブの関連するコマンドをまとめたものである.

ⓒ**コマンド**：クリックすると PowerPoint の操作が実行できるボタンであるが，コマンドには次の2つの種類がある.

・クリックすると操作が実行できる.

・ボタンの右横にプルダウンメニューが開くボタン▼が付いているもの.

ⓓ**ダイアログボックス起動ツール**：ダイアログボックス起動ツールをクリックすると，ダイアログボックスが表示され，そのグループに関する詳細な設定を行うことができる.

⑮**スライド**：プレゼンテーションのそれぞれのページごとの作成したスライドの縮小版が表示される.

⑯**スライドタブ**：スライドの縮小のイメージを表示する.

⑰**スライドペイン**：スライドを編集するためのエリアである.

⑱**プレースフォルダー**：スライドの中で，テキスト，表，グラフなどのオブジェクトを挿入するための枠である.

⑲**ウィンドウ に合わせるボタン**：現在のウィンドウの大きさに合わせてスライドを拡大または縮小する.

図5.5　リボン

5.4 プレゼンテーションの作成

プレゼンテーションを作成するには,「デザインの選択」,「レイアウトの選択」,「文字の入力・編集」,「図形，表，グラフなどの作成・編集」,「アニメーションの設定・編集」,「スライドショーの実行」の作業が必要となる.

操作 5-2　デザインの選択

Office 365 PowerPoint ではスライドペインの背景（スライドデザイン）を「テーマ」という機能で簡単に設定できる.

①「リボン」の「デザイン」タブをクリックし,「テーマ」グループ（図5.6（a）参照）の
　中からテーマをクリックするとスライドペインがそのテーマになる.

②図5.6(a) で示す「テーマ」の一覧が表示されるので, デザインしたいテーマをクリック
　する.

③例えば, 図5.6(a) で「ウィスプ」（ポイントすると名称が表示される）をクリックすると
　図5.6(b) のテーマがスライドデザインとして設定される.

(a)

(b)

図5.6　テーマの設定

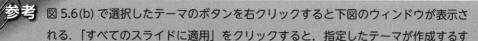

参考　図 5.6 (b) で選択したテーマのボタンを右クリックすると下図のウィンドウが表示される.「すべてのスライドに適用」をクリックすると，指定したテーマが作成するすべてのスライドに適用される.「選択したスライドに適用」をクリックすると現在作成しているスライドだけに適用される.

参考　図 5.6 (b) のスライド配色を変更するには，リボンの「バリエーション」のその他ボタン ▾ をクリックし，「配色」（下図・左）をクリックすると図 5.7 (a) の配色を選択するウィンドウが表示される. この中から「Office」,「グレースケール」,「アース」などをクリックすると，図 5.7 (a) 画面の配色が変更される.

色を選択するウィンドウの設定したいボタンを右クリックすると，下図・右のウィンドウが表示される.「すべてのスライドに適用」をクリックすると，指定したテーマが作成するすべてのスライドに適用される.「選択したスライドに適用」をクリックすると現在作成しているスライドだけに適用される.

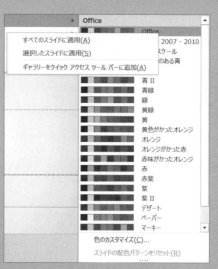

また，図 5.6 (b) のスライドフォントを変更するには，リボンの「バリエーション」のその他ボタン ▾ をクリックし，「フォント」をクリックすると図 5.7 (b) のフォントを選択するウィンドウが表示される. この中から

「MS 明朝」,「HG ゴシック」,「MS P ゴシック」などをクリックすると，図 5.7 (b) 画面のフォントが変更される. フォントを選択するウィンドウの設定したいボタンを右クリックすると，下図のウィンドウが表示される.「すべてのスライドに適用」をクリックすると，指定したフォントが作成するすべてのスライドに適用される. この操作を行わないと，フォントの変更は，現在作成しているスライドだけに適用される.

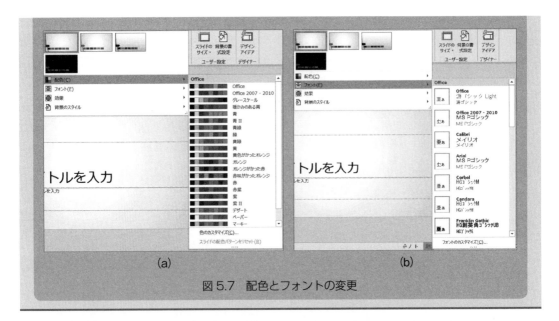

(a)　　　　　　　　　　　　　　　　(b)

図 5.7　配色とフォントの変更

操作 5-3　レイアウトの選択

　Office 365 PowerPoint では，作成するスライドが主として文字のみを扱うのか，図，表，グラフなども作成するのか，目的に応じたレイアウトを簡単に設定できる．

　① 「リボン」の「ホーム」タブの「スライド」グループの「レイアウト」ボタン 🔲レイアウト▾ をクリックするとレイアウトを選択するウィンドウ（サムネイル）が表示される．

　② この画面でスライドのレイアウトをクリックする．Office 365 PowerPoint では，右図で示すように 16 種類のレイアウトが設定できる．レイアウトには，文字，図形，グラフ，表，イラストなどを挿入する枠があり，これを「プレースフォルダー」という．16 種類のレイアウトで，「タイトルスライド」，「セクション見出し」，「タイトルのみ」，「タイトルと縦書きテキスト」，「縦書きタイトルと縦書きテキスト」は文字入力のための「プレースフォルダー」が配置されている．

　「タイトルとコンテンツ」，「2 つのコンテンツ」，「タイトル付きのコンテンツ」は文字の他に表，グラフ，SmartArt，図，オンライン画像，ビデオ（Media（音声，動画））などのオブジェクトを挿入できる色付きアイコンが表示されている「プレースフォルダー」が設定されているレイアウトである．図 5.8 は「タイトルとコンテンツ」をクリックすると表示される．

　表 5.1 は色付きアイコンが表示されている「プレースフォルダー」の各アイコンの役割を示している．

図 5.8　タイトルとコンテンツのプレースフォルダー

表 5.1　表，グラフなどのオブジェクトを挿入できるプレースフォルダーアイコンの役割

ボタン	名　称	動作（役割）
	表の挿入アイコン	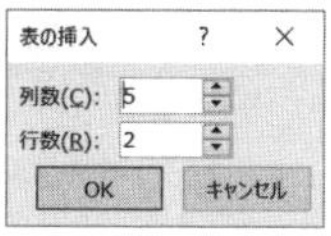 「表の挿入」が表示されるので列数と行数を入力し，「OK」ボタンをクリックすると表が作成される。
	グラフの挿入アイコン	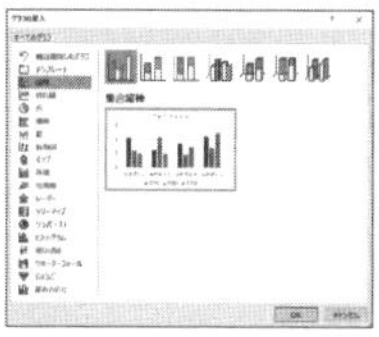 「グラフの挿入」ウィンドウが表示されるので作成したいグラフのアイコン（ボタン）をクリックすると「操作 5.6」でグラフを作成することができる。
	SmartArt グラフィック挿入のアイコン	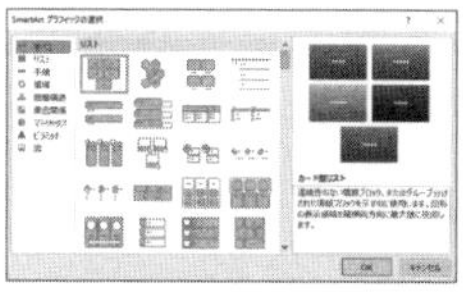 「SmartArt グラフィックの選択」ウィンドウが表示されるので作成したい SmartArt のアイコン（ボタン）をクリックすると「操作 5-7」で SmartArt を作成することができる。
	画像のアイコン	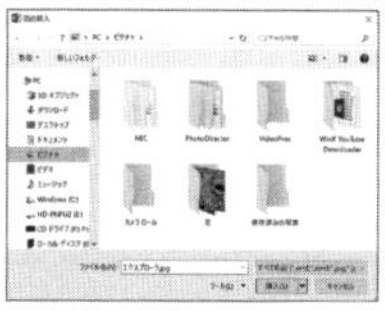 「図の挿入」ウィンドウが表示されるので作成したい図のファイル名をクリックすると「操作 5.8」で図を作成（挿入）することができる。
	オンライン画像のアイコン	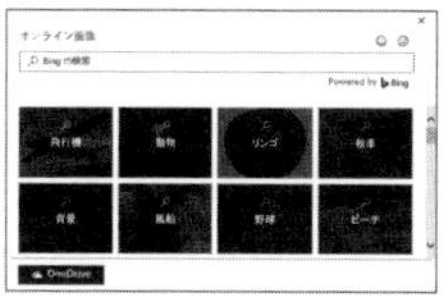 インターネット上にあるイラストや写真などの材料を表示できる．インターネット上のイラストや写真を検索してスライドに挿入して使う．
	ビデオの挿入アイコン	 パソコン内やインターネット上のビデオを検索してスライドに挿入して使う．

操作 5-4　テキスト（文字）の入力

　スライドのテキスト（文字）を入力するには，「プレースフォルダー」に入力する方法と「アウトラインペイン」のアウトラインで入力する方法がある．「プレースフォルダー」に入力する方法が一般的である．

①デザインを「Officeのテーマ」，レイアウトを「タイトルとコンテンツ」とする．

②プレースフォルダーをクリックして文字を入力する．この例では「タイトルの入力」のボックスに『病院情報システムの種類』と入力する（図5.9(a)，(b)）．

③「テキストを入力」に『医事システム』と入力し，[Enter] キーを押す．段落が変わるので次に『オーダリングシステム』と入力して [Enter] キーを押し，『部門システム』と入力する（図5.9(b)）．

④アウトラインペインにはスライドのサムネイルが表示される．「アウトライン表示」にすると図5.9(c)のように，テキストボックスの文字列が表示される．

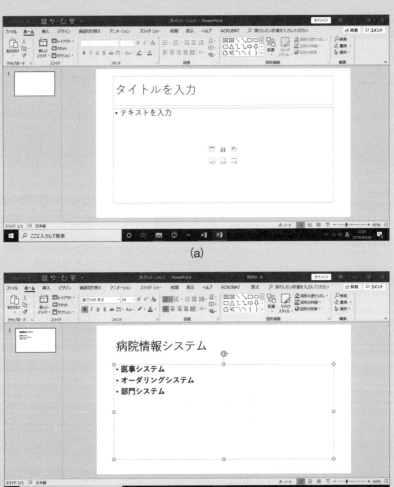

(a)

(b)

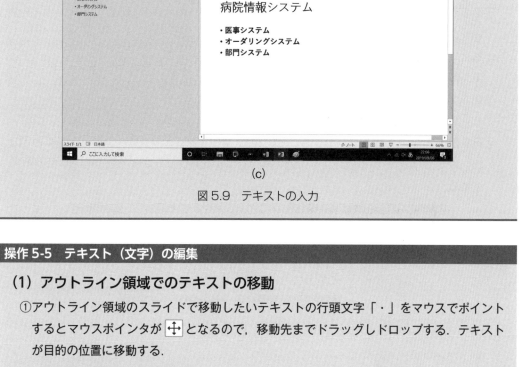

(c)

図5.9　テキストの入力

操作5-5　テキスト（文字）の編集

（1）アウトライン領域でのテキストの移動

①アウトライン領域のスライドで移動したいテキストの行頭文字「・」をマウスでポイントするとマウスポインタが ✛ となるので，移動先までドラッグしドロップする．テキストが目的の位置に移動する．

（2）文字列の編集（書式設定）

テキストの編集は第2章の「2.7　文字や文章の加工・調整」と同様の操作で行うことができる．

（3）行頭文字の設定（変更）

行頭文字は段落の先頭に表示する記号や文字のことで図5.9の場合は「・」が設定されている．

①アウトライン領域のスライドで移動したいテキストの行頭文字「・」をクリックする．

②「ホーム」タブ「段落」グループの「箇条書き」ボタン ≡ ▾ の右の ▼ をクリックすると行頭文字一覧の（右図）メニューが表示されるので，目的とする行頭文字をクリックする．行頭文字が変更される．

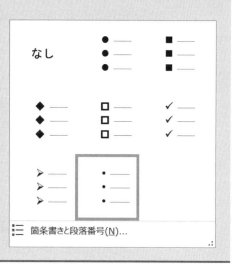

操作 5-6　表の作成

　アイコンが表示されているプレースフォルダーでは，表 5.1 で示すように表や図形を作成することができる。表の作成手順は次の通りである.

①図 5.8 のアイコンが表示されているプレースフォルダーの「表の挿入」アイコン をクリックする.

②右図で示す「表の挿入」ダイアログボックスが表示されるので，行と列数を入力する.

③図 5.10(a) で示すように表（空表）が作成されるので，フィールド名やデータを入力する（図 5.10(b)).

④行を挿入するには，表をクリックし，リボンのタブの「レイアウト」をクリックすると（図 5.10(c)）が表示されるので「下に行を挿入」ボタンをクリックすると表の下に行が追加される.

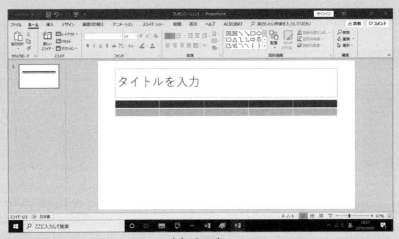

(a) 空の表

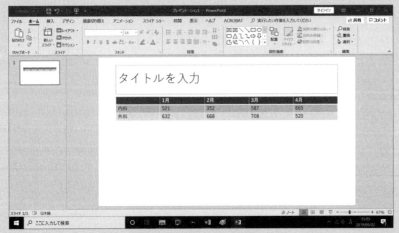

(b) データを入力した表

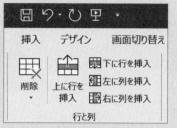

(c) 行の挿入ウィンドウ

図5.10　表の作成

操作 5-7　グラフの作成

①図5.8のアイコンが表示されているプレースフォルダーの ■ をクリックする.

②図5.11(a)に示す「グラフの挿入」ダイアログボックスで作成したいグラフのアイコンを
クリックすると図5.11(b)に示すグラフとひな形のExcel表が表示される.

③Excelシートでデータを入力するとWordの画面に入力データが反映されたグラフが作
成される.

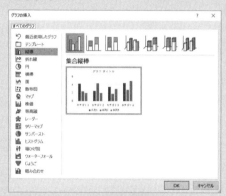

(a) グラフの挿入画面

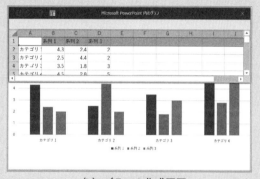

(b) グラフの作成画面

図5.11　グラフの作成

操作 5-8　SmartArt の作成

①図5.8のアイコンが表示されているプレースフォルダーの「SmartArtグラフィックの挿
入」アイコン ■ をクリックする.

②図5.12(a)に示す「SmartArtグラフィックの選択」ダイアログボックスで作成したい
SmartArtのアイコンをクリックすると図5.12(b)で示すSmartArtテキスト入力初期画
面が表示される.　ここでは「縦方向ボックスリスト」を選択し「OK」をクリックする.

③図5.12(c)で示す縦方向ボックスリストが表示されるので [テキスト] , • [テキスト] の位置
に文章を入力する.

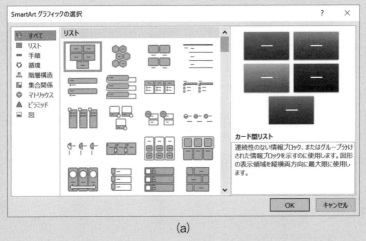

(a)

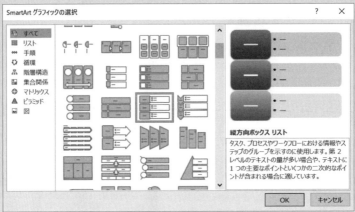

(b)

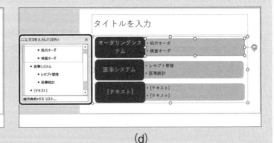

(c)　　　　　　　　　　　　　　(d)

図 5.12　SmartArt の作成

④あるいは，図 5.12 (d) で「ここに文字を入力してください」のリストの位置に文章を入力
してもよい．

参考　（1）SmartArt の色の編集
　　　SmartArt の色を編集するには，SmartArt 図形をクリックし，「SmartArt ツール」
の「デザイン」をクリックして，「SmartArt のスタイル」グループの「色の変更」ボタ
ンをクリックすると，色変更一覧アイコンが表示されるので目的とするアイコンをクリッ
クすると図 5.13 (a) で示すように図形に色が変更される。

(2) SmartArt レイアウトの変更

SmartArt のレイアウトを変更するには，SmartArt 図形をクリックし，「SmartArt ツール」の「デザイン」をクリックして，「レイアウト」のグループで目的とするボタンをクリックすると，レイアウトが変更される（図 5.13(b)）．図 5.13(b) では「積み上げリスト」が選択されている．

(3) SmartArt の図形の一部の削除

SmartArt の図形の一部を削除するには該当図形をクリックして Delete キーを押す．

(a) SmartArt の色の変更

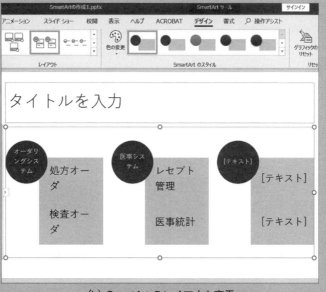

(b) SmartArt のレイアウト変更

図 5.13 SmartArt の編集

（4）SmartArt の図形要素追加

SmartArt の図形要素を追加するには，図形要素の [テキスト] をクリックし，「SmartArt ツール」の「デザイン」をクリックして，「グラフィックの作成」グループの「図形の追加」 [図形の追加 ▼] ボタンをクリックする．図 5.14 (a) で示すようにテキスト入力ボックスが追加される．右図の「テキストウィンドウ」を表示したい場合は，「グラフィックの作成」グループの「テキストウィンドウ， [テキスト ウィンドウ] を

クリックする． [テキスト] の部分に追加したい文章を入力することができる．•[テキスト] の部分を追加したい場合は，もう一度「図形の追加」 [図形の追加 ▼] ボタンをクリックすると図 5.14 (b) が表示されるので， [→ レベル下げ] をクリックする．図 5.14 (c) となるので •[テキスト] の部分に文章を入力できる．

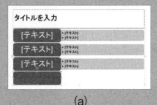
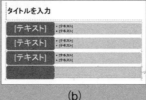
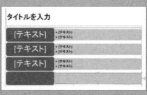

(a)　　　　　　　　　　(b)　　　　　　　　　　(c)

図 5.14　SmartArt の図形要素追加

操作 5-9　図の作成

①図 5.8 のアイコンが表示されているプレースフォルダーの「画像」のアイコン [画像] をクリックする．

②図 5.15 (a) で示す「図の挿入」ダイアログボックスで作成したいフォルダーをクリックする．表示されたフォルダー内の画像（図 5.15 (b)）のファイル名のアイコンをクリックし，「挿入」ボタンをクリックすると図 5.15 (c) で示す図がスライド画面に表示される．

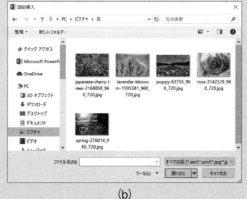

(a)　　　　　　　　　　　　　　　(b)

(c)

図 5.15　図の挿入

操作 5-10　オンライン画像（イラストや写真，クリップアート）の作成

①図 5.8 のアイコンが表示されているプレースフォルダーの「オンライン画像」のアイコン
をクリックする.

②図 5.16(a) に示す「画像の挿入」ダイアログボックスが表示される.「Office.com クリッ
プアート」,「Bing イメージ検索」の中から表示したい画像コンテンツを選ぶ.

　・Office.com クリップアート：米マイクロソフトが，Microsoft Office に関する情報やサー
　　ビスを提供する Web サイト. Office 製品向けの修正プログラムや機能追加プログラム,
　　ひな型，クリップアート（クリップアートは除外され Bing イメージに含まれた）のダウン
　　ロードが可能. Office 製品の使い方やトラブルシューティングについての情報も掲載する.

　・Bing イメージ検索：Bing（ビング）は，Microsoft が提供する検索ツールであり，Bing
　　イメージ検索は，オンラインで画像，クリップアートなどを検索できる.

③図 5.16(a) ではオンラインで画像が表示されている.（a) のアイコンの中から「リンゴ」
をクリックすると (b) が表示され，さらに挿入したい図をクリックし「挿入」ボタンをクリッ
クするとプレースフォルダーに画像が表示される.「Bing イメージ検索」をクリックし,
検索ボックスに「クリップアート」と入力し Enter キーを押すと図 5.15(d) で示す
Microsoft が提供するクリップアートが表示される. 表示されているクリップアートをク
リックして「挿入」キーをクリックするとプレースフォルダーに画像が表示される.

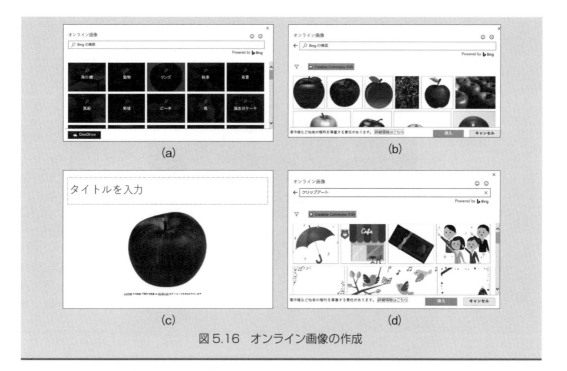

図 5.16　オンライン画像の作成

操作 5-11　ビデオ（音声，動画）の挿入

①図 5.8 のアイコンが表示されているプレースフォルダーの ▭ をクリックする．

②図 5.17(a) に示す「ビデオの挿入」ダイアログボックスが表示される．

「ファイルから」，「One drive 個人用」，「You Tube」，「ビデオの埋め込みコードから」の
　中から表示したい画像コンテンツを選ぶ．

・ファイルから：使っているパソコンに記録されたファイルを参照する．

・You Tube：インターネットの動画サイトを参照する．

・ビデオの埋め込みコードから：Web サイトから挿入するビデオの埋め込みコードをコピー
　して貼り付ける．ビデオの埋め込みコードとは「再生するためのプレイヤーとプログラ
　ムごと表示させるためのコード」であり，そのコードを Web サイトから取得して検索ボッ
　クスに張り付け Enter キーを押すとプレースフォルダーに画像がリンクされる．

③ PowerPoint 画面に音声あるいは動画を再生するアイコン（図 5.17(b)）が挿入される．

図 5.17　ビデオの挿入

操作 5-12　スライドの挿入

　スライドを 1 枚作成した時，次に作成するスライドがある場合，新しいスライドを挿入して作成作業を続ける．

(1)「新しいスライド」ボタンを利用

①「リボン」の「ホーム」タブの「スライド」グループの「新しいスライド」ボタン  をクリックすると右図で示すような「Office のテーマ」ウィンドウが表示されるのでテーマをクリックするとスライドが挿入される．

(2) スライドをコピーする

①アウトラインペインを「標準」にしてアウトラインペインでコピー元のスライドをクリックする．

②コピー先のスライドの下まで移動し，Ctrl キーを押しながらドロップする．

操作 5-13　スライドの移動と削除

　スライドの移動，削除には 2 つの方法がある．

(1) アウトラインペインでの移動，削除

【移動】

①リボンのタブの「表示」をクリックし，「プレゼンテーションの表示」グループの「標準」ボタンをクリックし，アウトラインペインでコピー元のスライドをクリックする．

②移動先（スライドとスライドの間）まで移動し，ドロップする．

【削除】

①リボンのタブの「表示」をクリックし，「プレゼテーションの表示」グループの「標準」ボタンをクリックし，アウトラインペインで削除するスライドをクリックして，Delete キーを押す．

② Ctrl キーを押しながらアウトラインペインのスライドをクリックすると複数スライドが選択できるので，その状態で Delete キーを押す．

③アウトラインペインのスライドをクリックし，Shift キーを押しながら他のスライドをクリックすると連続したスライドが選択できる．その状態で Delete キーを押すと複数スライドが削除される．

(2) スライド一覧での移動，削除

　「リボン」の「表示」タブの「プレゼンテーションの表示」グループの「スライド一覧」ボタンをクリックすると図 5.18 で示す「スライド一覧」が表示される．

【移動】

① 「スライド一覧」でコピー元のスライドをクリックし,移動先（スライドとスライドの間）まで移動し,ドロップする.

【削除】

① 「スライド一覧」で削除するスライドをクリックして, Delete キーを押す.

② Ctrl キーを押しながらスライドをクリックすると複数スライドが選択できるので,その状態で Delete キーを押す.

③ 「スライド一覧」でスライドをクリックし, Shift キーを押しながら他のスライドをクリックすると連続したスライドが選択できる.その状態で Delete キーを押すと複数スライドが削除される.

図5.18 スライド一覧画面でのスライドの移動と削除

操作5-14 プレースフォルダーによらないスライドの作成

「ホーム」タブの「スライド」グループの「レイアウト」ボタンをクリックすると開く図5.19(a)「Officeのテーマ」ウィンドウで,「白紙」をクリックすると図5.19(b)の白紙スライドが表示される.このスライドで,テキストボックスによるテキストの入力,図形の作成,表の作成,ワードアートの作成,クリップアートの作成,SmartArtの作成,グラフの作成,音声・動画アイコンの設定を行うことができる.その操作方法はWordでの操作とほぼ同じであるので,詳細はWordの各操作を参照のこと（表5.2）.

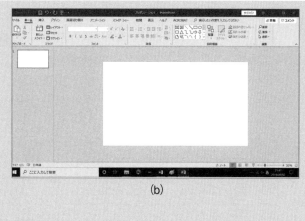

(b)

(a)

図 5.19　レイアウト（Office のテーマ）と白紙のスライド画面

表 5.2　白紙のレイアウトでの操作と Word（一部第 5 章）との対応

作成（挿入）項目	Word の操作番号（一部，第 5 章）
テキストボックス	操作 2-76　テキストボックスの挿入・編集
図形	操作 2-68　図形の作成（描画）
表	操作 2-59　表の作成
ワードアート	操作 2-74　ワードアートの挿入
クリップアート	操作 5-10　オンライン画像（イラストや写真, クリップアート）の作成（5 章）
SmartArt	操作 5- 8　SmartArt の作成（5 章）
グラフ	操作 2-79　グラフの作成

5.5 プレゼンテーションのリハーサル

作成したスライドを表示していくことを「スライドショー」という．スライドショーを実行する時に時間を設定して自動的にページ送り（ページを切り替える）を行うことができる．ページの切り替えの時間を設定することができる機能を「リハーサル」という．

操作 5-15　プレゼンテーションのリハーサル

① 「リボン」の「スライドショー」タブの「設定」グループの「リハーサル」ボタン 🔲 をクリックする．
②スライドショーが開始され画面の左上に図 5.20 で示す「リハーサルツールバー」が表示される．

③図 5.20 で示す「リハーサルツールバー」の「スライド表示時間」を見て現在表示しているスライドの表示時間になったら「次に進む」ボタンを押す.

④この操作を全スライドで実行する.

⑤リハーサルが終了すると，図 5.21 が表示されるので はい をクリックする.

⑥「スライドショー」を実行すると，ここで設定した時間でページを切り替えることができる.

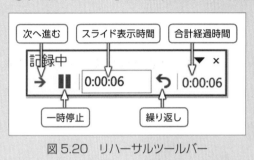

図 5.20　リハーサルツールバー

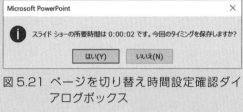

図 5.21　ページを切り替え時間設定確認ダイアログボックス

5.6 プレゼンテーションの実行

操作 5.16　プレゼンテーションの実行

①「リボン」の「スライドショー」タブの「スライドショーの開始」グループ（図 5.22 参照）の「最初から」か「現在のスライドから」のいずれかをクリックする.

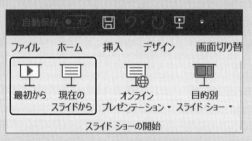

図 5.22　スライドショーの実行ボタン

②「最初から」をクリックすると 1 ページ目からスライドショーを実行する.「現在のスライドから」をクリックすると現在表示されているスライドからスライドショーを実行する.

③リハーサルでページの切り替え時間が設定されていない時は，ページ切り替えは手動で行う.

④ページ切り替えは画面左下にある表 5.3 の「スライドショーツールバー」で行う.

⑤「スライドショーツールバー」の機能は表 5.3 に示す.

⑥スライドショーを途中で終了するには，「そのほかの設定項目を表示する」の「スライドショーの終了」をクリックする. また，スライドショー画面で右クリックして表示されるメニュー（右図）の「スライドショーの終了」をクリックする.

表5.3 スライドショーツールバーの機能

記号	機能	動作
◁	ひとつ前のスライドに戻る	
▷	次のスライドに進む	
✎	ペンのメニューを表示する	例えば，蛍光ペンを選びスライドペインにフリーハンドで描画できる．
⊞	スライドの一覧を表示	作成したスライド一覧が表示される．
🔍	スライドを拡大する	
⋯	そのほかの設定項目を表示する	「発表者ツールを表示」，「スクリーン」，「矢印のオプション」，「スライドショーの終了」を設定できる．

5.7 プレゼンテーションの印刷

操作 5-17　プレゼンテーションの印刷

①リボンのファイルをクリックすると，図 5.23(a) が表示される.

②「設定」のエリアで各種印刷の設定ができる.

・**すべてのスライドの印刷**：すべてを印刷するかページを指定して印刷するか指定する.

・**片面印刷**：片面，両面印刷の指定を行う.

・**部数単位で印刷**：複数部数印刷する時，ページ単位か部数単位かを指定する.

・**カラー**：白黒，グレースケール，カラーの指定を行う.

・「6スライド(横)配布資料」をクリックすると下図の印刷レイアウトが表示される.

・「印刷レイアウト」の「フルページサイズのスライド」を指定すると図 5.23(b) がプレビューされ，「印刷」ボタンをクリックすると1ページに1枚のスライドが印刷される.

・「印刷レイアウト」の「配布資料」の「6スライド（縦）」を指定すると図 5.23(c) がプレビューされ，「印刷」ボタンをクリックすると1ページに6枚のスライドが印刷される.

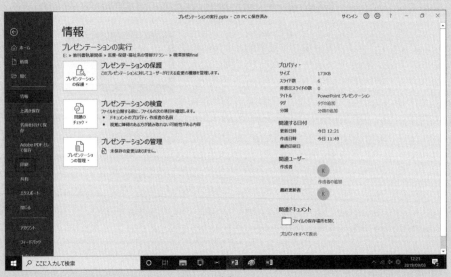

(a)

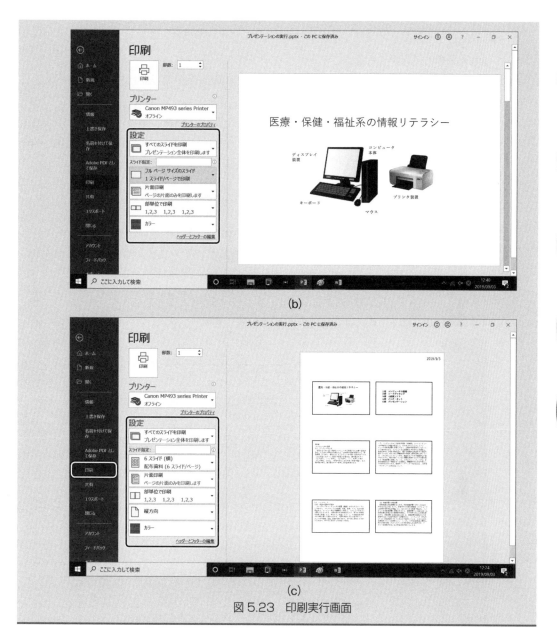

(b)

(c)

図 5.23　印刷実行画面

5.8　プレゼンテーションの保存

操作 5-18　プレゼンテーションの保存

①リボンの「ファイル」をクリックし表示された図5.23(a) の画面で保存を行っていないスライドの保存の場合は「上書き保存」と「名前を付けて保存」のいずれかを実行する.

②「上書き保存」は「5.9　プレゼンテーションを開く」で解説するように,すでに保存されているプレゼンテーションを PowerPoint の画面上に表示させて修正・追加などを行い,

内容を同じファイル名で保存するときに実行する.「上書き保存」を実行すると,同一ファイル名で保存先に保存される.

③「名前を付けて保存」をクリックすると,図 5.24(a) の画面が表示される.「このPC」と表示されている場合は,現在編集してる PowerPoint のドライブを表しており,　　　　で囲まれた部分はフォルダー名,ファイル名を示している.「保存」ボタンをクリックすると図 5.24(b) で示す「名前を付けて保存」ダイアログボックスが表示されるので「OK」ボタンをクリックするとファイルが保存される.保存しない場合は「キャンセル」ボタンをクリックする.

④通常 Office 365 PowerPoint の拡張子は「pptx」であるが,PowerPoint 97 ～ 2003で扱うことができるようにするには,拡張子を「ppt」にすればよい.拡張子を変えるには「ファイルの種類」の ▼ ボタンをクリックし,表示されるメニューからファイル形式を選択すればよい.

⑤異なるドライブ,フォルダーに保存したい場合は,図 5.24(a) の「参照」をクリックし表示される図 5.24(c) のウィンドウからドライブ,フォルダーを選び「保存」ボタンをクリックする.

図 5.24　名前を付けて保存画面

5.9 プレゼンテーションを開く

すでに保存されているプレゼンテーションを PowerPoint の画面上に表示させることを「開く」という.

操作 5-19　プレゼンテーションを開く

①図 5.2 画面でリボンのファイルをクリックし,「開く」をクリックすると図 5.25(a) が表示される.

②図 5.25(a) で「参照」をクリックすると図 5.25(b) のファイルを開くウィンドウが表示される.

③開きたいドライブ, フォルダー, ファイル (例えば, プレゼンテーション.pptx) をクリックし,「開く」ボタンをクリックすると図 5.25(c) が表示される.

(a)

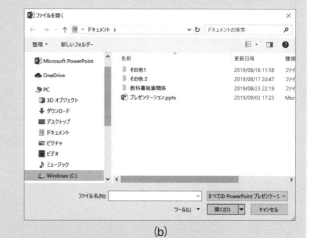

(b)

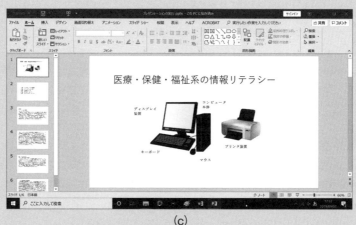

(c)

図 5.25　PowerPoint を開く画面

④エクスプローラを利用してファイルを開くことができる．図1.11　デスクトップ（スタートメニュー）の「スタートボタン」のエクスプローラボタン🔲 をクリックすると図5.26(a)のドライブの画面が表示される．または，図1.11のBエリアのエクスプローラアイコンをクリックしてもよい．あるいは，「図1.6　Windows10のデスクトップ」画面にエクスプローラアイコン🖼 が表示されている場合，それをダブルクリックしてもよい．図5.26(a)で開きたいファイルが記録されているフォルダー（ここではドキュメント）をクリックするとフォルダー（ドキュメント）の内容が表示される（図5.26(b)のでファイルをダブルクリックするとPowerPointが起動されその内容が表示（図5.25(c)）される．

(a)

(b)

図 5.26　エクスプローラからファイルを開く画面

索　引

MEMORANDUM

MEMORANDUM

MEMORANDUM

【著者紹介】

樺澤 一之（かばさわ　かずゆき）

1974年　東京電機大学大学院博士課程単位取得
専　攻　医療情報学
現　在　大東文化大学 スポーツ・健康科学部 教授・医学博士

寺島 和浩（てらじま　かずひろ）

1993年　新潟大学大学院博士課程修了
専　攻　生産科学
現　在　新潟医療福祉大学 医療経営管理学部 准教授・博士（工学）

木下 直彦（きのした　なおひこ）

2015年　新潟大学医歯学総合研究科博士課程単位取得
専　攻　バイオインフォマティクス
現　在　新潟医療福祉大学 医療経営管理学部 准教授

医療・保健・福祉系のための
情報リテラシー
― Windows 10・Office 365 ―
Information Literacy for Medical, Health and Welfare Fields

2020年1月30日　初版1刷発行
2022年3月1日　初版5刷発行

著　者　樺澤　一之
　　　　寺島　和浩　　© 2020
　　　　木下　直彦

発行者　南條　光章

発　所　**共立出版株式会社**

東京都文京区小日向4-6-19
電話　03-3947-2511（代表）
〒112-0006／振替口座 00110-2-57035番
URL www.kyoritsu-pub.co.jp

DTP
デザイン　IWAI Design

印　刷
製　本　星野精版印刷

検印廃止
NDC 007.63

ISBN 978-4-320-12454-7

一般社団法人
自然科学書協会
会員

Printed in Japan